U0010420

Taiwan Quinoa

臺灣紅藜

栽種技法與料理手帖

城市農夫的紅藜故事

作者 鄭世政

太雅

為農業盡微薄之力，
讓最愛的臺灣紅藜發光

身為一位種植臺灣紅藜的現代農夫，我自2014年起全心投入臺灣紅藜的栽種和推廣，求學的過程也與植物及土地有許多關聯，例如就讀輔仁大學景觀設計系時，所學習的植物學和植栽設計，便讓我對如何種植好植物有基本的認識。

之後在臺大園藝學研究所造園組就學，很重要的一科就是園藝學概論，在學期間，花卉學、草坪學以及生態學更是我非常喜歡研究的科目，在這期間因為對這些植物相關學科有下點功夫，讓我在田間的4年多，觀察到許多紅藜的生長狀況以及採後處理應注意的地方時，也比其他人多了精準的判斷。

我在農田水利與田區規畫工程方面接觸的時間更久，20多年前我便跟著父親全臺跑透透，協助農民施作灌溉設施，從一般的分水工、圳溝的設施、清攪機到自動噴灑灌溉與控制系統，從挖土到規畫全部親身投入實作；還做過農田灌溉系統機構的設計，也在從事營建工作時，設計過建築立面細部與燈具金屬構件的硬體，足跡也在多年的職涯中遍布了全臺，絕對可說是農業一手帶大的農業之子，對農業自動化以及新型態的田間管理，有高度的研究興趣。

故鄉屏東，田區農業的起點，最終在臺北都會區發光發熱

當我和家人一起食用過家鄉附近種植的臺灣紅藜後，深感這是一門有極大潛力，可以運用到所學的園藝學、生態學、灌溉、微生物，以及自動化機械學門的作物產業。評估之後，覺得賦予商品化以及行銷作為，絕對可以成為一個讓農民足以賴以為生的產業，便決定一定要保持高度的熱忱，將自己奉獻給臺灣紅藜界，長久走下去。

至於選擇臺東和屏東做為出發的起點，原因在於，我從小便跟父親在臺東活動，跑過紅葉、馬背調整池、臺東女中校園灌溉工程以及各個圳路。之後得知退輔會知本有機專區有土地在標租，田地一進去就是條林蔭大道，非常美麗，便興起了立足臺東的念頭。屏東是我的故鄉，最美的是經過故鄉萬巒的沿山公路，是條有著整片阡陌景觀的美麗道路。此外，剛好有緣分向臺糖承租土地，受到在地鄉親的照顧，於是便一直在故鄉屏東持續經營紅藜種植。

最終，2018年開始，我在臺北內湖與志同道合的朋友，共同開墾一片紅藜田；試種的第一批紅藜也已採收成功，在完全無毒的種植下，產量頗豐。使古老傳統的種植作物遍布全臺，而都會區周邊也有了方便快速，可以親身體驗紅藜之美的園地，這是近年來，最讓我感到欣慰的事情。

推廣紅藜產業的目標——
「農業共好」

　　我希望能夠把心力奉獻給臺灣本土的紅
藜產業，並進一步推廣給世界上更多的人
知道，做好這個產業不只為個人，也是為
臺灣的農業，甚至是為人類的健康做出小
小的貢獻。臺東、屏東以及全臺灣不只紅
藜這一項優良的農產品，臺灣紅藜也不只
一兩家在販售，若是大家食用多樣的國產
食物、多挑選不同店家購買農產品，就是
對臺灣農業最好的支持。

信豐農場共同創辦人　鄭世政

整片成熟的紅藜田，景色絕不輸北海道或普羅旺斯

紅藜開花了，上面伸出一根根小小黃花柱頭進行授粉，這時，千萬不要打擾他們

目錄

臺灣紅藜，
新興的健康穀物

在進入臺灣紅藜多采多姿的殿堂前，首先應該先認識市售臺灣紅藜最常見的兩種型態。

脫殼紅藜──營養價值高，方便料理

在紅藜的採收後處理技術和營養成分試驗還沒成熟時，脫殼紅藜是市面上最常見的型態。脫殼紅藜的特色是蛋白質、必需胺基酸以及微量元素含量很高，最適合想要變成頭好壯壯、調理身體、補充營養，以及想要長肉肉的人食用。

外型以深到淺的咖啡色為主色，籽細小，偶爾夾雜黑籽、白籽或淡淡的粉紅色，大量的脫殼紅藜聚集在一起，呈現出穀類的淺棕色。

脫殼紅藜水煮易軟，最常和米一起煮食，不建議泡茶飲用，保存方式以夾鏈袋擠出空氣冷藏保存最佳。

大量的脫殼紅藜放在一起，呈現穀類的淺棕色

帶殼紅藜──膳食纖維高，幫助排便

近年來，帶殼紅藜篩選保色技術大幅進步，而我從一開始便參與機具的研發，以及營養價值的試驗，所以，非常確定只要能保存住紅藜美麗的顏色，就是新鮮且營養成分保存完整的標誌。

帶殼紅藜的特色是還帶著鮮豔的花，從紫色、紅色、橘色到黃色都有，除了脫殼紅藜有的營養外，花所帶有的抗氧化甜菜色素以及膳食纖維比例都更高，特別適合便便不順，或覺得吃了太多太油或不好排出的食物，需要好好清掃身體的人食用。和脫殼紅藜一樣，可以和米一起煮食，就會變得軟爛可口。

帶殼紅藜鮮豔美麗，紅色中帶一點的橘或黃色籽實

紅藜加油站
gas station

Q1如何挑選帶殼紅藜呢？

挑選帶殼紅藜時請選呈現紅、橘及黃色為主，不建議選用過多變黑的帶殼紅藜。有些偏紫色的紅藜，乾燥過後會變黑，食用無妨。

Q2如何挑選脫殼紅藜呢？

挑選脫殼紅藜時，請選帶點粉紅的淺咖啡色到偏暗的咖啡色紅藜，不建議選用變黑的脫殼紅藜。

Q3該選什麼包裝的紅藜比較好呢？

最好選擇透明夾鏈袋包裝的帶殼或脫殼紅藜，較方便保存，包裝內的小枝條、小樹葉以及粉末越少越好。

Q4紅藜竟然出現黑色的小籽，可以吃嗎？

若紅藜內有種皮亮亮的黑色籽實，請完全不用擔心，是很稀有的黑籽臺灣紅藜，可以放心食用。

Q5紅藜中摻有其他雜質，是正常的嗎？

在挑選紅藜時，如果夾雜灰色的小石子，或是有鳥類的便便混雜其中，就請注意不要食用喔！

Q6該如何挑選好吃的紅藜？

挑選時最好選顆粒大小均一、完整，破碎粒少的紅藜。

Q7購買紅藜時有沒有其他注意事項？

如果要吃得安心，建議選擇有標示來源、營養成分、合法工廠登記、有效期限，以及有投保產品責任險的產品；如果是在產地支持農民，仍需仔細詢問並觀察衛生條件及其種植方法。

Chapter 1

紅藜身世之謎

夏 天——休耕期的紅藜田，常有颱風來攪局，以輪作其他植物為多，圖為輪作中的高麗菜

近年紅遍大街小巷的藜麥家族，出現在地球上已有數千年的時間，廣受世界各地民族喜愛，曾經融入生活中的紅藜，為何會就此沒落？又是如何再次崛起的呢？現在，就讓我們一同認識這個神祕又美麗的國寶——臺灣紅藜吧！

01

藜麥的沒落
與再起

西方的藜麥傳說

　　距離臺灣非常遙遠的南美洲，很久以前的印加帝國，就有許多關於神奇食物藜麥的傳說與記載。

　　首先，藜麥在南美洲的栽種歷史已經有5,000～7,000年，傳說是太陽神委派庫爾庫鳥（Kullku）當使者將藜麥送下凡間，目的是要報答人類救了他的三位兒子；而近期較具體的記載，則是距今1,000多年前的印加帝國，當時人稱藜麥為「Mother of all grains」，也就是「所有糧食之母」。可惜的是，後來至此殖民的西班牙人因為試圖改變當地人的文化，所以禁止種植藜麥，轉而全面推廣種植小麥，藜麥的種植技術便就此打住，十分可惜。

太陽王撒下第一顆藜麥種子，卻敵不過西班牙人與小麥的強勢入侵

東方的救命糧食

　　再來看看東方，其實藜麥在更早之前就出現紀錄，早在春秋時期（西元前770～403年）就記載著：「孔子窮於陳蔡之間，七日不火食，藜羹不糝。」當時處境尷尬的孔子，因為被困在陳國與蔡國間而斷了糧食，這時孔子和弟子們靠的救命糧食，就是連米粒都沒辦法糝的藜羹呀！而這個故事竟然發生在距今2,500年前的中國。

　　一樣是救命的角色，19世紀初臺灣面臨嚴重的旱災，原住民部落發生大饑荒，這次可是貨真價實的臺灣紅藜解救了許多部落的居民。可見臺灣紅藜、亞洲的藜科作物，甚至是南美洲藜麥，自古以來就都是扮演著充滿營養價值的救命角色。

孔子窮於陳蔡之間時，煮食藜羹

工業革命後沒落的藜麥

至於從工業革命以後到近代，為什麼藜麥會被埋沒這麼久呢？推斷應該有幾項關鍵因素。

首先，中國北方主要栽種以小米、黃米等稱為「谷子」的雜糧；而很會製作麵食的北方人，小麥的種植自然也是該地區發展的重點，加上歐洲原本就是以種植小麥、小米為主，因此歐洲爆發工業革命後，各種食品機械化的目標都是應用在小麥作物上，這些技術日後傳到東方時，當然整體的發展更不會脫離小麥為主軸的傳統。

從種源、加工設備到烘焙產品等送上桌的食品，跟小麥有關的東西多如繁星，所以種植小麥的資訊最為發達也最容易取得，而加工處理的機器設備，也是最能快速購置又較方便維修的機材。

另外，中國南方以及東南亞，高溫多雨的氣候相當適合種植水稻，加上中國與日本兩個料理大國對於米食的迷戀，針對米的口感和米種做了諸多研發，讓現在的米又香又甜，日本對水稻的採收及採後處理也研究得非常透徹。種種原因之下稻米成為眾人的焦點，在農協、農會的收購推波助瀾下，稻米的種植面積也占據了這些國家大部分農田面積。因此，臺灣紅藜和藜麥家族在稻米和小麥的強勢栽種下，就像小規模種植的雜糧一樣，曖曖內含光好長一段時間。

將目光放回臺灣，臺灣紅藜也受到文化的隔閡。平地的漢人受到中國和日本兩方米食文化的薰陶，以及獨尊稻米的傾向，也普遍認為吃好米是一種身分地位的象徵；至於原住民部落，每年需要種植小米來作為豐年祭、小米祭等祭典所需，相對之下臺灣紅藜只被當作欺騙小鳥、少量熬粥、輔助製酒、餽贈以及裝飾等輔助作物。況且在當時並沒有像現在這麼先進的食品科技，臺灣紅藜的營養成分並沒有完整被揭露，自然也不會有大量的需求。

稻米在臺灣農地中占有最大比例，此為花東縱谷一片水稻田景觀

眾星加持，藜麥崛起

過去默默無名的紅藜，為什麼在近期會紅遍半邊天呢？其實也經過了好幾年的醞釀，而且也靠著歐美的堂兄弟藜麥（Quina）拉了一把。據報導，2013 年美國天后碧昂絲（Beyonce）靠著吃藜麥取代米飯與義大利麵，宣稱她因此減肥成功，整整削掉

國外的超市也有販售藜麥，藜麥在國外比臺灣早3年開始竄紅

了 26 公斤的贅肉。經過美國主流媒體報導，藜麥不紅也不行了！另外，名廚傑米奧利佛（Jamie Oliver）也將藜麥加入沙拉，做出美味的料理，使得超市的沙拉加入藜麥蔚為風潮；還有，蕾哈娜（Rihanna）等重量級明星，也都曾在社群網站貼過與藜麥相關的健康美食文，也因此這股「藜麥風潮」便在一票名人自主代言下延燒起來。

科學試驗背書，正式嶄露頭角

在臺灣，也開始有一群人投入時下流行的社群媒體、電子傳媒、傳統紙媒與電視媒體，希望打響臺灣紅藜的名號。很快地，臺灣紅藜也和藜麥一樣，開始在國內嶄露頭角，很多人從前便有食用南美洲藜麥的習慣，因此很容易就接受了自己國家原生的寶物──臺灣紅藜。在

我多次與臺北醫學大學施純光教授，一同研究紅藜預防大腸直腸癌的潛力

2017 年 2 月，臺北醫學大學發表「65 公斤成人日吃 22 公克臺灣紅藜可預防大腸直腸癌」的動物試驗報告，更是將吃臺灣紅藜的風潮更向上推升了一層。大腸直腸癌一直是國人主要死因之一，所以許多人為了自己與家人的健康，便開始食用臺灣紅藜，希望讓自己排泄更順暢，避免大腸直腸癌如此可怕的健康殺手找上門。

紅藜嫩葉也是綠色蔬菜，適合春天養肝

黑色種皮臺灣紅藜符合冬季適合吃黑色食物的需求

紅色的紅藜，適合夏天食用補心

對身體與環境都有益的臺灣紅藜

在臺灣，近年來已經將紅藜分析得鉅細靡遺，的確也發現了非常多對人體有效的成分，而且有許多不同的攝取方式，例如在不同時節，搭配不同顏色的蔬果、食物調整飲食。

春天宜養肝，可以多吃綠色食物，臺灣紅藜的綠色嫩葉就可以多吃，容易養肝；夏天宜補心，適合吃紅色食物，例如紅藜本身的紅色；秋天補肺，適合吃白色食物，臺灣紅藜雖然比較少白色，但很適合和蓮子銀耳一起煮湯；冬天補腎，適合吃黑色食物，而臺灣紅藜中的黑色籽實是種皮富含天然色素的代表。

另外，在向香草專家、精油達人討教，以及遠赴產地求取養生作物相關知識的過程中，得知不論在紓壓按摩或是飲食調理上，在地食材是最具功效性的食物，因為這些植物在與食用者相同的環境下生長，有許多為了適應當下的環境而演化而來的性狀，讓植物更加強壯，也就能幫助食用者更適應當下的環境。

除了對食用者有益，還能減少長途運輸產生的能源浪費，也避免營養價值與新鮮度的下降，所以多食用臺灣產的臺灣紅藜，對自身以及環境都有諸多的助益。

02

臺灣紅藜的傳說故事

傳說1 ── 蛇王獻七彩琉璃珠，獲魯凱族巴冷公主芳心

　　魯凱族的巴冷公主出生在頭目家庭，她長得美麗動人而且歌聲清亮如黃鶯一般。有一天，充滿好奇心的巴冷公主，跟隨耕作的婦女們上山，卻在樹林裡迷路了。她忽然聽見遠方傳來陣陣悠揚的笛聲，當笛聲漸漸清楚的時候，巴冷公主眼前站著一位非常英俊的青年，巴冷公主嚇了一跳問：「啊！你是誰，怎麼在這兒？」青年說：「巴冷公主，我是蛇族之王阿達里歐，我的祖先犯了戒條，受到詛咒，被貶為蛇族。啊，我想起來了，天神曾說，祂指定要做我的妻子的人，才看得到我的原形，所以，你看得到我的原形，原來妳就是我未來的妻子呀……」

　　在見面的那一刻，兩位俊男美女就被對方深深吸引，從此以後，巴冷公主便常常到山裡去找阿達里歐玩，兩人的感情也越來越好，最後認定對方就是值得一輩子託付的人，便決定要結婚。

　　天真的阿達里歐忘記自己和族人的外觀與一般人大相逕庭，竟然決定給巴冷公主家人一個驚喜。有一天，阿達里歐帶了一群親朋好友到巴冷公主家的門外高唱求婚之歌，大家開心地唱著，想傳達這份愛情的喜悅，但是巴冷公主家族的人往外一看，

竟是一條條抬著頭，發出嘶嘶聲的百步蛇，大家都嚇壞了！雖然巴冷公主向頭目說明在他眼中所看到的是如何俊俏善良的少年，但是父母當然還是相信自己的眼睛，非常反對這一樁婚事。但是心意已決的巴冷公主堅持要嫁給阿達里歐，在不斷央求下，疼愛巴冷公主的父母只好傷心地答應了。

　　迎娶當天，蛇族浩浩蕩蕩地來到了巴冷公主家門口，長老高唱迎親之歌，聘禮一樣也不少，連頭目當初為了故意刁難蛇王，要求提供傳說在南方海域才出現的七彩琉璃珠（學者有一說是七彩的彩虹藜意象），也都分毫不差的帶來。而魯凱族的文史工作者，從古老的傳說中推斷，當時遠古時代，魯凱族人或排灣族人應該尚沒有能力製作七彩琉璃珠，所以，傳說中從海邊帶上來的七彩琉璃珠，也最有可能由彩虹般的紅藜穗製作而成。

　　看到蛇王帶來七彩琉璃珠，母親這才放下了心，含著眼淚，把巴冷公主打扮得漂漂亮亮的，讓迎娶的隊伍將公主帶往另一個國度，公主的姐妹和兒時的玩伴，都盛裝而來，為她送嫁。

　　熱鬧的迎娶隊伍朝著深山走，直到黃昏時，送嫁的隊伍舉著熊熊燃燒的火把，護送巴冷公主來到神祕的鬼湖邊，巴冷公主這時回頭對家人說：「親愛的爸爸、媽媽，我會守護這個地方，你們來這兒狩獵，一

定會有獵物，但是，如果獵物是冰冷的，請不要帶回去。」公主的意思是希望族人與百步蛇一族好好相處，避免誤傷親家。說完以後，巴冷公主就隨著蛇王阿達里歐走入鬼湖中。幾天以後，湖邊的岸上長滿了美麗清純的百合花。一直到今天，魯凱族人，尤其是女人，都喜歡在頭飾上，插上一朵百合花，紀念她們心中永遠難忘的巴冷公主。

有百步蛇菱格圖騰裝飾的山川琉璃吊橋，七彩琉璃珠相傳就是臺灣紅藜

傳說2 —— 魯凱族人取地下種源

魯凱族有一個傳說，在遠古時期，整個世界分成地上與地下兩個世界，當時地上和地底下相通，地上的土壤很不好，但是地底下的土壤卻相當肥沃、物產豐富，而且擁有很多物種的種子，因此成為相當強盛的部落，是個美好而且充滿動植物的世界。可是，地底下的人嚴格保護所有物種，只准許地上的人用錢和他們購買所有的食物或物品，但不讓種子移植至地面上來。

有一天，一名常往返兩地貿易的魯凱族女人（另有一說是地下世界的女神），獲得邀請去地下世界作客，而她在返回地上世界前，偷偷地將番薯及紅藜做成美麗的頭飾、小米塞在指縫、樹豆放入耳朵、細豆藏入鼻孔，還將長豆夾在褲子裡面，把這些植物帶到地面上。從此，地上植物可以生長，地上世界的人也可以自己種植食物、餵養動物，不會挨餓了。

如今魯凱族婦女參加宴會慶典時，常會編織紅藜穗當頭飾，因為紅藜是女性族人費盡千辛萬苦帶到地面上的作物，很多女生戴上紅藜頭飾，代表地位崇高，而且也漂亮大方，至今已經是一個人人都愛的傳統文化裝飾物。

傳說中只有女性族人可帶的紅藜花冠，如今依舊非常美麗

傳說3 —— 彩虹橋的紅藜汁液

在臺灣中部的賽夏族和賽德克族的傳說中，人在過世後要通過彩虹橋前，必須在雙手上抹上紅藜的汁液才可通過。守彩虹橋的神靈，會依照手上有沒有紅藜的七彩汁液，來判斷這個人在採收時，有沒有參與部落族人辛勤的工作，如果沒有，那就必須走上另外一條崎嶇艱難的道路。

Column | 愛吃小米的小鳥

早期在部落裡，紅藜都和小米一起種植，因為紅藜穗有小芒及小枝葉，小鳥不好站立，而且往往種在田邊、溝邊的紅藜都比較高大，顏色鮮豔醒目，小鳥被搖曳的鮮紅色干擾，會影響食慾，所以不太會吃紅藜，連帶也不會吃一旁的小米，所以紅藜可以說是小米的守護者呢！

至於小鳥為什麼這麼喜歡吃小米呢？這也是有一個故事的喔！

魯凱族與排灣族，流傳著一個很神奇的傳說。從前先人在煮飯時，只要放一粒小米，就可以煮成一鍋足夠大家填飽肚子的白米飯。不料，有兩位偷懶的婦女，想一次煮好幾天份的飯量，便放了很多小米一起煮，就在水燒開的時候，小米膨脹得非常厲害，小米從鍋子漫出來，一下子屋裡滿地都是小米，而且還不斷從鍋子繼續溢出。

兩名婦女嚇得趕緊向外逃，可是其中一個懷有身孕的婦女麻娃涅，行動比較緩慢，剛逃到窗口，天神就看到她的身影，擔心她受到傷害，便趕快把她變成小鳥，以免被滾燙的小米燙到；另外一名婦女則逃了出來，後來將這則故事傳了開來。經過這次事件後，天神懲罰大家，不能再用一粒小米煮一鍋飯了。而那些在小米成熟時，嘰嘰喳喳地啄食穗粒的小鳥就是麻娃涅的後代。

族人每次祭小米神之前，還會跑去向麻娃涅夫婦祝禱，對著兩人說：「我們一直不能像過去那樣以一粒米餵飽一家人，這是你們惹的禍。希望你們能把一粒可以煮一鍋飯的小米還給我們。」

知本的小米田，鳥害非常嚴重，使用太陽能驅鳥器便可改善許多

03
終於正式正名
臺灣紅藜

　　即使臺灣紅藜和其他 110 屬、1,500 種左右的藜科植物外表不同，但臺灣紅藜總會被認為是從國外引進的植物，也就因為這些刻板印象，百年來竟然幾乎沒有關於紅藜的分類研究。園藝農藝方面研究者往往將之視為藜科的 Chenopodium album 或 Chenopodium purpurascens 之類，而且沿用這些分類的特徵，非常少有人注意到臺灣藜的特殊性與營養價值。

　　幸運的是，林務局於 2006 年起開始委託專業團隊研究，比對美國、英國及印度等國家標本館的標本後，再以系統分類研究，做了很多的鑑定後，證實魯凱排灣族俗稱 Djulis 的作物為臺灣原生種；後來到了 2008 年，正式命名為臺灣藜（Chenopodium formosanum Koidz.），成為臺灣特有種之一。

臺灣紅藜的色彩很豐富，從紫色、紅色、橙色到黃色都有

臺灣紅藜的特色

　　臺灣藜也俗稱紅藜、臺灣紅藜或是彩虹藜，已發表的研究報告指出，在 2015 年左右，僅剩阿美族、排灣族及魯凱族原住民有小量的栽種。臺灣紅藜的花穗豔麗，有黃、橙、紅、紫等色彩，甚至光紅色系的就有從粉紅到正紅等各個色階的顏色。臺灣紅藜的種子和外面包覆的花，含有很多營養，包括高量的蛋白質、各種人體必需胺基酸、澱粉、膳食纖維、許多種微量元素、天然的甜菜色素以及有機礦物質硒、鋅及鍺等，個頭雖小，營養卻相當豐富。

原住民對臺灣紅藜的應用

臺灣原住民自古以來就把臺灣紅藜當成食用作物之一，植物學中臺灣紅藜是藜屬的一年生作物，以往是莧科，但是在前幾年，莧科跟藜科合併了，所以現在臺灣紅藜是正統的藜科加藜屬。在臺東的南迴四鄉鎮、屏東三地門鄉、瑪家鄉、泰武鄉之魯凱族與排灣族原住民都通稱臺灣紅藜為 Djulis（音近朵莉絲），東部地區的部分排灣族人依其小穗之顏色，再將臺灣紅麥細分出 3 種很可愛的稱呼，卡普拉普拉 (Kapulapula) 的花穗呈現黃色，歐滴滴蕾 (Odidile) 則是稱呼紅色系列的臺灣藜，深橙色的臺灣藜花穗品系則稱之為烏達烏達莎 (Uda-udasa)。

釀酒

因為臺灣紅藜的發酵效果非常的好，所以原住民也經常將臺灣紅藜當成釀製小米酒之酒麴原料，在屏東也可以見到「紅藜釀」等紅藜釀成的酒；而在排灣族或魯凱族的部落裡，小米酒、芋頭酒、芝麻生薑酒、洛神花酒、刺蔥酒和紅藜酒，也都是大家會製作，很特別香醇的酒類。近期，市面上將紅藜應用在製酒，或是作為酵母的例子也變得越來越多。

煮食

對排灣族及魯凱族人來說，臺灣紅藜也不僅僅是釀酒材料，更是傳統美味的食材，族人往往在小米及白米稀飯中，添加紅藜與山萵苣等野菜，成為臺灣特有的養生飲食文化。

臺灣紅藜的種子比小米還小。原住民百年前就經常將臺灣紅藜與稻米、小米或芋頭共煮，現在則是常常吃加了紅藜的粥，香味比一般白米更香，甚至有人會吃不習慣只有白米的粥；或是自己製作紅藜茶包，飯後來一杯解膩的紅藜茶，滋味相當和諧。

其他用途

除了每年收穫季前的釀酒及小米糕製作外，排灣族及魯凱族人更將臺灣藜的豐富色彩，應用於頭飾的裝飾花材；除此之外，美麗高大的臺灣紅藜，還有一個重要的任務，就是防止小米的鳥害。每年小米成熟時，小鳥都會呼朋引伴來大快朵頤一番，而紅藜醒目又高大，將紅藜撒播在田的四周，都長得非常好。在田區的四周種一圈紅藜，小米低矮地躲在後面，遠遠地看起來，就像是一片紅藜田一樣，因此可以保全較多的小米。

可見臺灣紅藜在部落裡的用途，可以說是內服外用兩相宜，絕對稱得上渾身是寶！

臺灣紅藜在作為花藝及場布材料時，被稱為柔麗絲花或朵莉絲花

臺灣紅藜布置起來十分優雅美觀

Chapter 2
紅藜種子撒遍全臺

秋 天──播種期，希望紅藜健康成長，成為高大飽滿的狀態

趁著週末假日，搜尋居住城市附近的紅藜田，去郊遊走走吧！讓美麗的田景療癒身心，
也一起聆聽農民們的栽種故事，舒緩都市生活的緊張情緒，徹底放鬆，感受田園風光。

01

北部及東北部
臺北、桃園、苗栗、花蓮

臺北信豐農場
市中心的都會紅藜田

地址｜內湖區成功路5段120巷
電話｜(02) 27220862
開放時間｜不定
網址｜www.facebook.com/
sinfongfarm.quinoa/?ref=br_rs
注意事項｜此為試驗田區，如欲
造訪請事先電話聯繫預約

內湖田中的紅藜由綠轉紅

信豐農場在臺北開墾了一個專門育種的田園基地，雖然面積不大，但是田地周遭仍保有自然風景，彷彿都市的世外桃源，除了種植紅藜和香草之外，田地一旁還有柑橘園，平假日都可供採果。農忙期農場會關閉專心處理農事，參觀前請先預約。另外，北部除了信豐農場外，在石門到金山一帶，已經有好幾戶人家已經成功種植一期的紅藜了，相信，未來在遊賞美麗的海岸風光之餘，也有機會一睹北海岸美麗的彩虹大地喲！

在距離市中心僅20分鐘的地方，我和好
友共同開墾了育種田

田裡的紅藜苗欣欣向榮

八德紅藜種植區
兩位年輕人的一方小天地

地址｜桃園市大溪區仁和路二段230號375巷
電話｜0922689883
開放時間｜不定
網址｜www.facebook.com/tallmanrice
注意事項｜此為農民耕作田區，如欲造訪請
事先電話聯繫預約
附近景點｜八德落羽松森林（步行約1分鐘）

第一次種植的紅藜，因為環境和氣候的影響而有矮化的現象

大溪的紅藜在農民辛苦用心下，幼苗非常整齊漂亮

紅藜不敵氣候，也會有過早出穗的現象

　　位於大溪鎮的紅藜種植也已經有好幾年的時間了，田地負責人展維和振揚，一起在大溪撒下紅藜的美麗種子，認真的兩個人從育苗、採收到烘乾，和我交換了很多經驗和技術，幾年下來彼此的農耕技術都進步不少。

　　兩個人剛開始農耕的時候，遇上北部時常不穩定的氣候，著實讓兩人吃足了苦頭。例如有幾個農季遇到植株矮化，辛苦培育的穗卻長不高，兩個人便辛勤地呼朋引伴，招集親朋好友一起來採收，雖然辛苦，但在田中更多的是情感交流。

順　遊　散　散　步

八德落羽松森林

在紅藜基地一旁，有一個北部人近年很常去賞遊的八德霄里落羽松森林。森林整片的優型樹，吸引了許多遊客，如果碰上紅藜轉紅，更是讓整個區域都沉浸在一股夢幻氣息中呢！

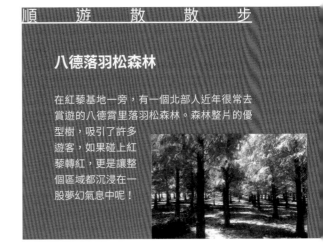

桃園縣復興鄉紅藜田
巧遇特別的紅藜名字「以細」

地址｜桃園市復興區羅浮村4鄰
94號
電話｜0926737877
開放時間｜09:00～17:00（週二
休園）
網址｜www.facebook.com/
tayantrakis
注意事項｜小米園區觀光休閒設
施一應俱全，造訪建議事先電話
聯繫預約
附近景點｜角板山公園（車程約
12～15分鐘）

在復興鄉追尋紅藜傳統種植文化時，亦可欣賞山岳美景

在古早時候，臺灣北部就已出現紅藜的芳蹤。之所以會發現復興鄉的紅藜田，起因於我和原住民朋友曾一起走訪復興鄉，目的是要探詢有沒有紅藜曾出現的蛛絲馬跡。果然，在一位泰雅族地方領袖的家中後院，我們親眼見到了美麗的臺灣紅藜穗。

向主人探詢後得知，原來在他的祖父輩時，這裡早已經出現紅藜的蹤跡，但是因為從前小米的地位比較神聖，後續的子孫僅是將種植紅藜作為消遣。探訪過程中，農地主人告訴我們，他的祖父稱紅藜為「以細」（發音ㄧˇㄏㄧˋ），這倒是跟我們在南部聽到的「Djulis」有著不小的差別呢！

提到復興鄉的紅藜種植重鎮，非泰雅小米園莫屬，在園區裡，你可以預約導覽，除了美麗的紅藜外，還可以聽到小米的故事、參加傳統的文化祭典，想要購買小米以及香甜順口的小米酒，在園區裡都能滿足需求喔！而且田區的所在地——羅浮，是一個山水環繞，非常美麗的地方，很適合散步賞景、品嘗山產以及購買滿滿的伴手禮，是三五好友假日出遊走走的好選擇。

如果想深度旅遊，可以住宿在復興鄉青年活動中心。另外，紅藜田附近就是知名的旅遊景點角板山公園，造訪之後絕對會給你滿滿的芬多精喲！

花蓮縣吉安鄉紅藜田
無毒有機農業吃得安心

地址｜花蓮縣吉安鄉福興八街75號
電話｜0989581240
開放時間｜不定

網址｜www.facebook.com/s8533007
注意事項｜此為農民耕作田區，如欲造訪請事先電話聯繫預約
附近景點｜花蓮太魯閣（車程約1小時）

在花蓮縣吉安鄉，有一位人稱「花媽」的紅藜農人，和伙伴趙哥在此帶領一群弱勢的單親家庭，成立了一個自給自足的有機農場。這裡的紅藜田地爬滿無以數計的蚯蚓，蚯蚓這種使土壤更肥沃的小幫手，需要在無毒的環境下才有辦法生存，可見這片土地的有機零汙染做得非常確實。

在他們辛勤的耕耘下，其實也遭遇過無數的困難。當紅藜開始打開知名度，也引起不肖分子的覬覦，小偷眼見收成季有滿滿的紅藜，便砍斷大片紅藜帶走，令花媽心疼不已；再加上氣候異常，暴雨的情況也增加，導致花蓮一帶許多紅藜苗，收成狀況也每況愈下。所幸，這些艱辛也挺過來了，這也讓她們更加努力投入有機無毒的紅藜栽種作業。

若有機會造訪，可以來此支持在地婦女的有機農產，不僅可以吃到無毒的優質良品，還能協助弱勢家庭的生計，更別具意義，另外，花媽在假日會在臺北花木市集固定擺攤，大家可以多多支持。

種植紅藜不僅要預防氣候影響，導致抽穗過早，還要防盜

苗栗縣獅潭鄉
紅藜界的健康大巨人

地址｜台3線過苗栗縣獅潭鄉和興村福興13號
電話｜0926804539（羅先生）
開放時間｜不定
網址｜無
注意事項｜生產園區；建議可以先洽詢苗栗區農業改良場
03-7222111，會有更多當地種植的資訊可參考
附近景點｜獅潭草莓園大道、汶水老街（車程約5～15分鐘）

獅潭鄉吳大哥的紅藜田因急凍與潮濕，摧殘得東倒西歪

　　苗栗縣獅潭鄉，有一位擅長種草莓的高手吳大哥，近來也有心復育臺灣紅藜，於是便開始著手種植。令人難過的是，在 2015 ～ 2016 年初的採收期，竟然遇上臺灣難得一見的降雪，紅藜經不起摧殘，紛紛倒地不起，令人惋惜。幸好經過一番努力，吳大哥繼續在山谷細心栽種，終於種出一片彩色的紅藜田，產量相當高、植株也很健康。

　　在台 3 線的五文宮附近，也有另一位紅藜達人羅大哥，擅長種草莓、高麗菜、小黃瓜以及番茄等蔬果，他利用種植完瓜類的架子，讓紅藜攀附著往上長，這樣一來就算是很重的穗也不怕會倒下；另外，由於羅大哥對土壤微生物研究下足了功夫，所以他的田地就算是不重新整地種植，質地也還是非常的鬆軟，而且種出來的紅藜高達 3 公尺，每一株的穗也有 1 公尺以上，可以說是紅藜界的大巨人呀！

順　　遊　　散　　散　　步

草莓園大道與汶水老街

沿著省道台3線的左右兩側，在約莫6～8公里的範圍內，有著10幾間的草莓園，除了大湖以外，獅潭鄉這一條省道，堪稱是名符其實的草莓大道，若有機會造訪獅潭鄉的紅藜田，回去時也可以和親朋好友來此，現摘新鮮的草莓，香氣與味道都十分誘人，是絕佳的伴手禮。

台72線往東到底，往右轉則很快在右側會見到一條岔路，往下行就是有名的汶水老街。老街裡有好幾間飲食店，例如全展客家美食餐廳、永和亭飯店等，可以品嘗非常道地的客家美食，其中，薑絲大腸就非常道地且下飯；如果有緣，當地的新鮮竹筍料理也很出名，也可以特別問問店家有沒有時令的鮮筍喲！而吃飽後，在老街裡散步、欣賞舊建築、買買點心、喝一杯涼茶，或是到旁邊的橋上感受徐徐的涼風，以及欣賞溪谷的壯麗景色，都能夠讓人享受一段悠閒時光。

地址｜苗栗縣獅潭鄉竹木村汶水老街
注意事項｜汶水老街外的汶水橋下設有停車場

紅藜達人羅大哥種出紅藜界的大巨人

苗栗縣公館鄉
型態美麗的紅藜植株

地址｜苗栗縣公館鄉南河村2鄰21號
電話｜0915297079（徐大哥）
開放時間｜不定
網址｜無
注意事項｜生產園區私人農地，請預約導覽
附近景點｜公館鄉古道、125K百茶觀光工廠
體驗休息站、南河社區發展協會、南河國小

公館鄉南河國小附近契作田的大穗紅藜值得留種

　　苗栗縣公館鄉的南北河一帶，也有相當可觀的紅藜田可以欣賞，這裡的種植技術年復一年地越來越進步，甚至不只一次有電視臺慕名前去採訪。這裡的紅藜種植因為有相當好的維護管理，所以有很漂亮的植株型態，有的穗甚至大到值得留下來研究能否成為適當的種原。

　　南北河本身就是個世外桃源，現在又有社區營造組織在當地蓬勃發展，已經逐漸形成了一個無毒聚落，很適合喜歡大自然的人來此一遊。

臺灣鄉村文化景觀發展學會

經營社區營造的臺灣鄉村文化景觀發展學會，他們
負責修復公館鄉的古道以及古厝，為鄉村營造不遺
餘力，來到這裡可以聽他們營造的精采心得。

地址｜363苗栗縣公館鄉南河村南河116-6號
（臺灣鄉村文化景觀發展學會）
電話｜(03) 7227499
開放時間｜古道導覽需與學會預約
網址｜www.facebook.com/groups/90917257250 3543

古道旁的礦坑遺跡也讓人遙想當年的輝煌歲月　　　南北河古道入口的大峭壁非常雄偉

125K百茶觀光工廠體驗休息站

來到苗栗縣，還有一個可以順道參觀的好地方，就
是125K百茶觀光工廠體驗休息站。
125K百茶觀光工廠從前是製作茶包的代工工廠，
目前轉型為觀光工廠，建立自有品牌將茶業推廣給
更多民眾。
在這裡你不僅可以喝到臺灣少見的紅藜茶，還可
以體驗各項與茶類有關的DIY活動，例如製作茶

凍、客家擂茶或手工餅乾等，搭配專人的解說，
生動又有趣，適合一家大小一起造訪。

地址｜苗栗縣頭屋鄉象山路188號
電話｜(03) 7252667
開放時間｜09:00～17:00
網址｜www.mrteago.com

河南社區發展協會

到了苗栗公館，千萬不能錯過社區內的親子賞螢
步道，就在距離田區步行10分鐘處，每年的4～6
月，夜間有很多的螢火蟲飛舞其間，美不勝收，
相關活動可以洽詢南河社區發展協會。

地址｜苗栗縣公館鄉南河村12鄰79號
電話｜0912305037
開放時間｜不定
Email｜k228495@yahoo.com.tw
注意事項｜如欲參觀，請事先預約

南河國小

南河國小在王校長的積極帶領下，成為一個開
放、多元，有著豐富森林小學氣息的美麗校園，
校園中還有好幾株美麗大樹的社區休憩空間，也
可以順道來此一遊。

地址｜苗栗縣公館鄉南河村2鄰21號
電話｜(03) 7226806
開放時間｜不定
網址｜www.nhps.mlc.edu.tw
注意事項｜請配合學校開放時間參觀校園

02
南部與東南部
臺東、屏東

知本紅藜田區
臺灣最大紅藜產區

地址｜臺東市西康路二段
一巷，直行到底（向西
南），白色三角屋對面
電話｜(02) 27220862
開放時間｜不定
網址｜www.sinfongfarm.
com/index.php/index
注意事項｜此為農民耕作
田區，如欲造訪請事先致
電聯繫預約
附近景點｜杉原海水浴場
（車程約25分鐘）

知本農場的紅藜由綠轉紅

　　臺東市的知本區，俗稱退輔會開發隊一帶，位於大學路兩側，堪稱是臺灣最早的大型紅藜產區，以前是退輔會讓榮民伯伯在這裡開墾的專區，後來也有很多的原住民朋友在這裡生根落地。

　　從前，這裡是利嘉溪口的河床地，傳說是志航基地在整地時，將土壤移到這裡，鋪了約30～40公分的土壤在石礫層上，農民伯伯們辛勤地開圳路、分隔土地、做出農路以及整平一個個格狀的區塊，現在已經是中央山脈山腳下一片綿延的阡陌，景觀非常優美。

　　第一間大規模在當地種植紅藜的信豐農場，栽植面積於2015年達到30甲，一直經營到現在，也已經有3年多了，是臺灣最早進行規模化、產業化經營的紅藜農場。現在除了當地的紅藜農戶、蔬菜種植農民以外，還吸引了金峰鄉的原住民，以及崇尚無毒栽培的農民在該地進行種植，形成了花東唯一以紅藜為主申請的雜糧集團產區。

　　另外值得一提的是，目前在當地已使用無人機噴灑有機微生物菌種，也有自動化的播種設備加上半自動化的採收設備，已經建構成種植技術較為先進的研發型產區；而且該地靠近臺東區農業改良場，因此與臺東區農業改良場有很多產學合作，可以說是奠定臺灣紅藜種植基礎的重鎮。

令人難忘的紅藜料理

　　我來到臺東知本時，遇到很多熱心的農民專家，例如一對種植有機作物多年的夫妻，從年輕時就或聽或看長輩做紅藜料理，養成自身會做料理的好手藝，他們煮的紅藜雞湯，是我第一次嘗到的獨家美味。

　　用紅藜燉雞湯，佐以牛蒡催出一股滲入鼻腔的甘味，加上紅藜散發出的穀物香，甘甜的層次，讓人一碗接一碗；另外，用紅藜煮的茶，有美麗的紅寶石色，去油解膩又清香；還有一次品嘗到紅藜枸杞茶凍，甜而不膩，透亮的外表讓人食指大動；連農作結束後的聚餐，主食都是難得的美味營養紅藜飯！以臺東最好的水質養出來的稻米，加上香噴噴的紅藜，每次都讓所有人大快朵頤，回味無窮。

順　遊　散　散　步

杉原美麗灣

杉原海水浴場又稱美麗灣，距離知本紅藜田區以北約25分鐘車程處，是臺東少見的白色沙灘。非常推薦大家前去踏浪，看完絢爛的彩虹，還可以漫步沙灘，欣賞寧靜的大海，是一個非常適合放鬆身心，闔家同遊的美麗沙灘。

地址｜臺東縣卑南鄉富山村杉原2號
電話｜(089) 281862
開放時間｜08:00～18:00
費用｜從美麗灣度假村旁步道下去，免費

屏東瑪家鄉紅藜田
景緻美麗的紅藜重鎮

地址｜屏東縣瑪家鄉北葉村風景巷85號（屏東縣瑪家鄉公所）

電話｜(08) 7992009

開放時間｜08:00～12:00；13:00～17:00

收成季節，瑪家鄉隨處是曬紅藜的畫布

　　瑪家鄉距離國道3號長治交流道約20分鐘車程，最有名的就是山川琉璃吊橋。這座吊橋橫亙溪谷，一頭在山地門鄉，一頭在瑪家鄉，非常壯觀。瑪家鄉的紅藜田被群山環繞，景色絕美秀麗，除此之外，進到瑪家村，還有一個造型穀倉，可以讓遊客體驗以前族人儲藏食物的空間文化；永久屋一帶可以眺望北大武山，在略為傾斜的道路上，有著可愛的屋宇，以及充滿綠意的道路，漫步其間，悠閒舒服。所以，我真心推薦，要找紅藜、吃紅藜和聽紅藜故事，來瑪家鄉準沒錯！

　　另外，當地的人們熱情又好客，想知道任何資訊，可前往鄉公所（山川琉璃吊橋前的一個髮夾彎上去），裡面有非常多友善的工作人員，會給我們這些客人，最詳細最親切的解答。

瑪家鄉的種植高手，種出被檳榔園包圍，均勻漂亮的紅藜田

瑪家鄉，走過風災更堅強

　　瑪家鄉從鄉長、祕書到承辦人員，都非常積極熱心參與地方紅藜產業的復興，我造訪了非常多次，當地的鄉長和祕書經常親自出馬，促成我與鄉民的合作，每次也為鄉民爭取非常多的福利。有感於此，我特別出借乾燥機，也提供有機無毒的資材，甚至還在某一年，此地受到連續豪雨侵襲後的時節，贈送了 12 公斤的種子。這一切都是因為瑪家鄉長期以來，對臺灣紅藜的熱心付出而感動了我。

　　瑪家鄉在紅藜產業的推廣也不遺餘力，北京昌平的農業嘉年華、瑪家路跑賽紅藜攤位……努力的瑪家鄉鄉民，在紅藜產業的表現上有目共睹。近年來更成立紅藜故事館，讓在地居民也能品嘗到各式各樣的紅藜製品。

　　走過八八風災的瑪家鄉和鄉民，試著用恆心、毅力復原當初的傷，如此看來，他們將會走得更好、更遠，也更穩健。

　　若你來到瑪家鄉，可以看看公所大型浮雕的裝置藝術，前往附近一處可遠眺山川琉璃吊橋的觀景點。建議一定要下車散步，悠遊號稱「臺灣普羅旺斯」的禮納里，美麗聚落錯過可惜！

遠眺瑪家鄉著名的山川琉璃吊橋

臺東南迴四鄉鎮
青年留鄉推廣紅藜

　　在一位長輩的帶領下，我遠從臺東北邊的池上、鹿野，一直到南迴的各個部落，特別去找尋紅藜良田，以及了解小米和紅藜的種植區域。有一次在金峰鄉的歷坵，見到了當地的頭目以及雜糧產銷班的班長，聆聽他們訴說金峰和太麻里的紅藜產業，這才知道到原來臺東也是美麗紅寶石重要的原生故鄉。

　　臺灣紅藜在臺東南迴線有很悠久的種植歷史，其中有四位很有熱忱的原住民青年，分別在達仁、大武、太麻里與金峰鄉推廣紅藜種植以及販售。雖然當地農田大多地處山坡，面積較為零碎，而且交通易達性也較低，不過，這四位青年常常不遠千里，跋涉到主要市場的各大展售會，或是出席各種的推廣場合，他們的付出，也讓臺東南迴四鄉鎮的紅藜漸漸打出名號，廣為國人所熟知。

大武鄉愛國埔的紅藜田，在山谷中彷彿彩色的地毯

參　觀　資　訊　這　裡　查

太麻里鄉

率馬企業有限公司
地址：臺東市中正路140巷8號
電話：0966578087（林建中）
開放時間：不定
Email：chag_chag99@yahoo.com.tw
注意事項：此為農民耕作田區，如欲造訪請事先電話聯繫預約

金峰鄉

峰忠傳奇有限公司
地址：臺東縣金峰鄉賓茂村1鄰2號
電話：0919162467（高世忠）
開放時間：不定
Email：evainin225@hotmail.com
注意事項：此為農民耕作田區，如欲造訪請事先電話聯繫預約

達仁鄉

紅藜先生
地址：臺東縣達仁鄉土坂村土坂70-1號
電話：0916535899（吳正忠）
開放時間：不定
網址：www.facebook.com/mrdjulis/?ref=br_rs
Email：mrdjulis@yahoo.com
注意事項：此為農民耕作田區，如欲造訪請事先電話聯繫預約

阿朗壹樊事用心農場
地址：臺東縣達仁鄉安朔村5鄰56號（阿朗壹部落）
電話：089702660、0916535899（樊永忠）
開放時間：不定
網址：FB搜尋「阿朗壹樊事用心農場」
Email：mrdjulis@yahoo.com
注意事項：此為農民耕作田區，如欲造訪請事先電話聯繫預約

屏東霧臺鄉紅藜田
深受麵包大師青睞的紅藜

地址｜屏東縣霧臺鄉霧臺村神山巷73號（屏東縣霧臺鄉公所）
電話｜(08) 7902234
開放時間｜08:00～12:00；13:00～17:00

霧臺鄉的石塊堆砌建築非常美麗

在霧臺鄉，也有很多農民致力於紅藜的栽種，這裡還有一位鼎鼎大名的紅藜客戶，就是麵包大師吳寶春！他所培養的紅藜酵母，就是使用來自霧臺鄉的紅藜。

在許多青年流失的鄉村中，令人欣慰的是，已經有許多農民第二代打算回霧臺鄉；或是利用工作之餘發展紅藜產業，協助第一代電商行銷、處理宅配、設計包裝及故事行銷等。看來，當地的紅藜產業將會更蓬勃的發展。

來到霧臺鄉，不要走馬看花。這裡不僅有整條石板屋圍塑的街道，還有 60 年樹齡的櫻花王，值得各位花時間，在巷弄中悠閒漫步、穿梭。

屏東春日鄉紅藜田
政府鼎力支持的社區組織

地址｜屏東縣屏東市中山路44號（行政院農委會農糧署南區分署）
電話｜(06) 2372161
開放時間｜09:00～12:30；13:30～17:00

進入春日鄉前，雄偉華麗的牌樓

大漢山是屏東跟臺東的界山，主要位於屏東縣的春日鄉，可以說是被紅藜產地包圍的美麗山巒。山區有條知名的浸水營古道，相傳當年胡適的父親胡鐵花在臺東任知州時，也是透過這條古道從西部到達美麗的後山臺東。

大漢山上的部落居民以排灣族為主，近年來春日鄉歸崇社區在農糧署南區分署的輔導下，開始推廣有機紅藜種植，也因此組成了社區的組織。信守「VUVU 自然農法」的春日鄉歸崇社區發展協會，也因此成為屏東第一個通過農委會審查的友善環境耕作推廣團體。

屏東縣枋寮鄉紅藜田
規模化大型農場

　　枋寮鄉的沿山公路周邊，在太源村一帶，有很大的紅藜農場——信豐太源農場。從前面積達到 37 甲多，後來慢慢整理出幾塊打算長期經營的美地，到現在仍然保有 17 甲多的承租土地，和鄰近的土地加起來，種植紅藜的面積達 23 甲多。

　　信豐太源農場也在當地建立了大型的乾燥室，防止下雨時紅藜被雨水褪去美麗的色彩。但是農人們必須在室內忍受高溫、滴下汗水，不斷地為了透氣通風而翻攪紅藜，這樣費工，才能夠保有紅藜美麗的顏色，將最好的一面呈現給眾人呢！

　　在當地，還有一座原穀農場，主人蔡先生承租了 6 甲地種植紅藜，而且不斷地在研發新的種植技術，是臺灣紅藜機械化採收的先河。我常常與他討論紅藜的種植、機具以及其他方面的技術，而且蔡先生在微生物、肥料等各個有機栽培資材方面，都有非常豐富的知識和試驗精神，曾經自己研究出最適合太源紅藜比例的肥料配方，是真正的有機紅藜的種植專家。

　　近期，信豐農場便和蔡先生展開了長期的合作，一起在太源農場上培育美麗的紅寶石，希望彼此能在農業上互相扶持，一起向前進。2018 年春天，現場的大片紅藜採收，可以說是近 3 年以來最好的一次收成，而且在堅持無毒的管理上，也有循序漸進的進展，如今，經營管理的效率已經比剛剛開始合作種植時，提高很多，品質也益發進步，吸引許多臺灣各地的農友專程來到太源農場取經。

参　　觀　　資　　訊　　這　　裡　　查

信豐太源農場

地址｜屏東縣枋寮鄉太源村沿山公路旁（屏136與137縣道交叉口東側）
電話｜(08) 7791116
開放時間｜不定
網址｜www.facebook.com/sinfongfarm.quinoa/?ref=br_rs
注意事項｜太源農場幅員廣大、生態豐富，所以有許多小蟲或動物棲息，欲參觀者請事先預約，由專人帶領，預防被昆蟲或動物咬傷

原穀農場

地址｜屏東縣枋寮鄉太源村沿山公路旁（屏136與185縣道交叉口東側）
電話｜(08) 7831999
開放時間｜不定
網址｜www.facebook.com/YuanGuFarm.taiwan
注意事項｜此為農民耕作田區，如欲造訪請事先電話聯繫預約

移苗後廣闊、一望無際的大農場

枋山的海邊有很多悠閒的咖啡座，距離太源紅藜田約20分鐘車程，可順道走訪

Chapter 3
親手種出美麗紅藜田

冬 天──紅藜快速成長，鮮豔的紅為綠油油的田地增添幾分色彩

紅藜和所有的作物一樣，若要長得高壯，就必須用心地去營造生存的環境。本章介紹適合栽種的季節、紅藜種植方式，如何撒播、育苗等行家才知道的培育技巧，讓你對這道已經劃遍全臺的紅藜彩虹，有更深入的認識！

01
創造一塊
有機紅藜田

其實紅藜跟所有的作物一樣，要長得好，當然也要供給他們舒適的環境。我們應該站在植物們的那一邊，用同理心去營造他們生存的環境，這樣植物們必定會長高長壯、多子多孫，才能給我們甜甜好吃。

陽光、空氣、土壤和水，是植物生長的必須條件，我們用同理心營造適合紅藜生長的環境，紅藜也會長得健康飽滿，營養滿分。

陽光

臺灣紅藜喜歡日照充足的地方，因為紅藜的葉片大，絕不會錯過時機行光合作用儲存養分，若是太過陰暗潮濕，或是被大樹蔭蔽，紅藜則會長成稀稀落落，沒有精神的樣子。雖然臺灣紅藜在冬季的陰天也會持續生長，但還是需要充足的日照，臺灣紅藜才會生長得較旺盛。

土壤

臺灣紅藜喜歡排水性較良好的土地，土壤不能夠太黏或是容易積水，所以在山坡上、表面有頁岩遍布的土地，反而更適合紅藜的生長，並不會受到影響，照樣長得又高又粗壯；但是，如果基地面積大，需要使用機器打田，要特別注意土壤裡面是不是有很多石頭，因為石頭會讓機器的犁頭很快就破損，也會需要常常更換。

空氣

空氣雖然看不到也摸不到，但還是默默地影響著紅藜的生長。例如通風良好的地方，紅藜的病蟲害自然也較少；太悶且潮濕的地點，將會利於各種黴菌滋長；更可怕的是悶在小小的區域內，一旦傳播開來，將會一發不可收拾。另外，紅藜也不能夠種在風強的地方，除非立支架輔助，否則太強大的風會讓紅藜被吹得彎腰駝背，為了生存下去，每一株都會長得又細又矮，進而影響產量。

農田筆記

翻土小技巧

通常表土深 30 ～ 40 公分不會有太多石頭，只要在翻土的時候注意不要翻得太深，把底下石頭打上來即可；但如果是長期耕作水稻田之處，土表下會有一層不透水的土壤帶，翻耕時最好將它打破，排水和通氣性會比較好。有好的根系伸展，才能讓紅藜長得又高又美。

02

選對季節 種紅藜

　　在臺灣種植紅藜，一定要觀察氣候，視天氣調整耕作方式。但並不是只看全臺的氣象概略資訊，就能夠輕鬆掌握適合紅藜的天氣，還必須搭配種植區域的微氣候，做全方位的調整，才能種出理想的紅藜。

　　以下就讓我們來看看臺灣各區適合紅藜生長的氣候吧！

東北部

　　位於臺灣東北部的宜蘭與花蓮北部，因為地處東北季風迎風面的關係，冬季常常是陰雨綿綿的天氣，而這有何影響呢？

　　冬天的乾冷氣候，是臺灣紅藜最適合生長的季節。但東北部容易一連下幾天的雨，有時更長達一個星期以上，則會造成很多真菌類的病害，也就是俗稱的「發黴」。這時候農民們就要非常留心，因為發黴加劇的話，很有可能會導致整座紅藜田廢園。

　　因此，若要在東北部種植紅藜，最適合的期程如下：

11～12月 育苗

1月底～農曆過年前後約2月初
移苗到大田（避開陰雨氣候）

2～3月 追肥及維護管理

4月 採收（避開梅雨季）

5～10月 休耕養地（可以種綠肥、施用微生物、打田鬆土以涵養地力）或輪作其他夏季作物

東北部要注意東北季風及潮濕，會讓苗生長不良

溫暖潮濕的氣候導致細菌及真菌感染，非常可怕，紅藜將會完全變黑

建議｜若照建議的期程種植，東北部的田就只能種植一期，所以農民需要妥善規畫輪作方案，評估在非紅藜種植期間，農田可以種哪些作物來增加收益。

東南部

　　東南部的臺東是臺灣紅藜的主要產區，但是，真正的期程仍然要視當年的氣候狀況調整。近三年觀察下來，得出東南部最適合的期程如下：

10～11月初 播種（若無連日陰雨）

1月底～2月
採收，再次播種（成長速度快，但容易出現空殼）

3～4月 追肥及維護管理

5月初 採收

6～9月 休耕養地（可以種綠肥、施用微生物、打田鬆土以涵養地力）或輪作其他夏季作物

淋雨過後，穗上發芽的紅藜已不能販售

西北部

　　西北部中的新竹以北，難免受到冬季凜冽的東北季風影響，加上冬季鋒面往往通過臺灣北部，因此在 12 ～ 1 月間，農田會遭受較大的風雨襲擊。這段時間若是植株的孕穗後期或轉色期，受潮濕影響減產的機會較高，應避開風險；建議 12 ～ 1 月可以是紅藜的生長期，待 2 月後，等不下雨的空檔來採收，這樣會較穩定。

　　西北部適合的期程如下：

10～11月 育苗

12月初 移苗到大田（避開陰雨氣候）

1～2月 追肥及維護管理

3～4月 採收（避開梅雨季）

5～10月 休耕養地（可以種綠肥、施用微生物、打田鬆土以涵養地力）或輪作其他夏季作物

若遇冬季乾季，須從圳路或水池用動力抽水灌溉

西南部

　　臺灣西南部的冬季是乾季，因此很適合栽種紅藜，甚至可以仔細地規畫兩期的種植。不過，供水系統就必須仔細設想。紅藜在播種或定植初期會需要水分，如果田地位在水利會的灌區，則會有公用的圳溝，若是供水穩定則不太會有缺水的問題，只是必須和鄰居協調分區輪流灌水；若是供水不穩定，小面積的農田可以設置一般的塑膠或是不銹鋼水塔，大面積的農田就需要挖水池備用，若有水井，則供水較沒有疑慮。西南部適合的期程如下：

10～11月初 播種（若無連日陰雨）

12～1月 追肥及維護管理

2月 採收，同時育苗

3月 定植（成長速度快，但容易出現空殼）

4～5月 追肥及維護管理

5月中 採收（注意夏季成長期會縮短半個月到一個月不等，避開5月底可能開始的梅雨季）

6～9月 休耕養地（可以種綠肥、施用微生物、打田鬆土以涵養地力）或輪作其他夏季作物

03
養出優質臺灣紅藜的撇步

臺灣的紅藜麥其實不太好種喲！雖然曾有人打趣的說種子隨便撒就能生長，但最後都長得參差不齊。其實呀……臺灣紅藜還是需要細心照顧，尤其是有機紅藜，要關心它們有沒有吃飽、喝足，甚至有沒有蟲蟲危機呢！

栽種臺灣紅藜的前期，供水以及雜草管理非常重要。臺灣紅藜最大的特性是生命力很強，只要有水喝就會冒出頭來，但若是缺水，則會躲在土裡睡覺。

以下是我這幾年種植紅藜的心得，各地也有許多有經驗的長者、專業的農戶，甚至是學者專家，各方的資訊皆可參考，但是必須小心求證，擁有全面的認識，再開始創造自己的紅藜田喔！

種植臺灣紅藜需要細心及耐心

種植資訊這裡查

若是我想自己開墾紅藜田，相關的資訊我可以向誰請教呢？

行政院農業委員會臺東區農業改良場
地址：臺東市中華路一段675號
電話：(08) 9325110
時間：週一～週五08:00～17:00

行政院農業委員會高雄區農業改良場
地址：屏東縣長治鄉德和村德和路2-6號
電話：(08) 7389158
時間：週一～週五08:00～17:00

農田筆記

有機栽培VS.農業用藥

為什麼現代人的食材大多會強調有機呢？當然並不是非得吃有機的食材才代表健康安全。其實，農田中合理使用農藥，就像人類生病或是有寄生蟲時，選擇吃西藥立即見效一樣，只是很多人擔心傷身；因此有的人也會選擇吃中藥或者透過食療，長期調養身體，這其中各有優劣。

植物也是，早期為了因應糧食缺乏的問題，科學家便進行各種讓植物高效率生長的藥物研發，目的是促使作物能夠快速並且大規模的生長。這件事情出發點本是良善的，並且也花費科學家許多精力，但是因為不遵守用藥規範的人濫用藥物，才會導致許多人也對合理使用農藥失去信心。

Step1 —— 播種

撒播

　　一般播種的方式有兩種，第一種是撒播，顧名思義就是把種子撒在地上，臺灣紅藜的種子發芽率非常高，撒在地上也很容易發芽。撒播的優點是省時省事，但是也有幾樣缺點，尤其是難以控制撒播的均勻度，若是撒得太密，有時候種子量會是條播的 3 倍，甚至到育苗的 5 倍以上，紅藜種子每公頃價差會高達新臺幣 3,000 元以上，甚至是 6,000 ～ 9,000 元，因此容易浪費種子的費用。

　　其次，撒得太密的植株在幼苗期容易互相遮擋，也會互搶養分，因此勢必要將幼苗拔得稀疏一點，這樣每株紅藜才會長得好。上述的疏苗工作，若是人力調配稍不注意，將會花費比前期撒播更多的人力及時間。

　　最後，因為每株幼苗間的距離較密，若是未能即時疏苗，而此時又有病蟲害發生，則非常容易一株傳給一株，造成短時間內大量感染，情況加遽時甚至會有廢園的風險，因此後續的維護管理可馬虎不得。

若是撒播過密，也可以用除草機修整成條播狀，作為補救

泰武鄉撒播的紅藜幼苗，緊密且隨機分布

農田筆記

撒播小撇步

　　一般農人在撒播時，通常會用手，憑手感撒在土壤上，但是一般撒播時最怕撒不均勻或是太密集，就會導致種子浪費。所以，除了上述用手撒播外，這裡要告訴大家的小撇步就是——可以使用施肥撒布機來噴撒種子。

　　使用施肥撒布機來噴撒種子有幾個好處：1、效率很高，一天甚至可以撒播一公頃以上也沒問題；2、如果用施肥撒布機噴撒，可以加上沙和田裡面曬乾的土和肥料，甚至是有益的菌種，降低撒播的密度，減少日後疏苗的工作。

　　不過要注意的是，因為施肥撒布機是背負式的，一定要衡量自己的負荷重量，千萬不要因為乘載過重，導致受傷。

條播

條播顧名思義就是將種子一條一條的播種在田裡。製作條播工具的方式是，先取一支竹竿，再準備一個尾部切除的寶特瓶，寶特瓶的瓶蓋用尖銳的工具戳三個洞，接下來將寶特瓶牢牢地綁在竹竿上，瓶蓋和三個洞朝下，再將紅藜種子放進寶特瓶內，就完成了簡易的條播工具。使用方式是，一邊在田間行走，一邊上下抖動寶特瓶，如此一來種子便可以

用寶特瓶可一次條播2排，也符合人員作業行距

一次一次地播在土面上，如果直直地往前走，就可以播成直條的樣子，甚至可以兩隻手各拿一組工具，增加效率。

條播的間隔，建議是割草機可以作業的範圍，至少 40 公分以上，也就是最後臺灣紅藜生長的行距。條播的好處除了上述可以留下作業範圍之外，間隔有助於通風，並且降低病蟲害傳播速度，未來噴藥、固定、間苗等工項，都可以因為預留工作走道更加有效率。水帶鋪設也可以順著間隔一行一行走，降低許多維護的麻煩。

條播後長出的紅藜會是一排一排的

條播的行間會被龍葵野莧，或雙穗雀稗等雜草快速占滿

育苗

因為撒播和條播都無法贏過隨處可生長的雜草，因而研發了「育苗」的方式。在一處無農藥、無雜草的地方培育紅藜幼苗，在無干擾的狀態下長大後再移到田中，就不會被生長力頑強的雜草搶去養分，上面的方式稱作「土拔苗」，或是「穴盤培育」。

不過在育苗的過程中，要特別小心不可以讓幼苗過於老化，並且若是選用的苗盤太小，根系很快就會盤成一圈一圈，無法展開的情況下，生長就會比較不良。建議在8片葉子長出時，就應該要移苗到田中，移植完後還要記得馬上補水。剛移植的2～3天，紅藜苗都會躺在地上，不過不用擔心，只要持續補水，他們又會再重新站起來。

要是盤根嚴重、幼苗待在苗盤裡面過久，已經太老了，再種植到土裡後，紅藜會認為時間到了，急急忙忙地開始結穗。這樣子過早地抽穗，萬一又碰上較高的溫度，紅藜的生長期就會過於快速，產生很多不健康的籽實，結出來的穗將會非常的短小，整體的產量也會減損非常多。

育苗的穴盤可以放2～3顆種子，除了自動化機器外，用筷子也是一個方便的方式

移苗時，一併拿起土球不傷根系；迅速補水約3天後苗便會直立起來，恢復強健

定植於大田時可用鏟子挖土穴，將帶土球苗植入後再稍微撥土覆蓋；有葉子遮蔭的區域就不怕雜草遮蓋

紅藜育苗發芽率高，要注意疏苗，勿過密

Step2 —— 防治雜草

雜草是紅藜最大的天敵，以下有幾個方式可以抑制這些可惡的雜草。

覆蓋法

覆蓋法就像是給田地蓋了棉被，通常會使用銀黑布或是雜草抑制席，在上面打洞後，讓紅藜小苗從洞裡竄出生長；而在被子底下的雜草則因為曬不到陽光，就無法爭奪陽光和光線。另外，農人也很常稻稈曬乾之後，拿來當作田地的被子使用。

人工除草

除了鋪設銀黑布或雜草抑制席以外，剩下的雜草只能出動人工來對付了。首先，這項辛苦的工作，只要人工用心處理，連根拔除絕對會拔得很乾淨，但是相對來說效率也較低，一分地有時候需要一個人拔上 3 ～ 5 天的時間呢！

若是站立使用工具拔草，可以用長約 1.2 公尺的竹竿，將鐮刀固定在尾端，或割或勾的將地上的雜草割除，速度將會快許多而且也省力，但是相對來說，不如用手拔來得乾淨。

另外還有機械化的作業方式，就是用背負式割草機來鋤草。但是大部分只能除掉雜草的地上部，比較不能連根拔起。現在有販售電動割草機，比起以往揹著油桶又熱又重，對農人來說輕鬆許多，一甲地的雜草，手腳俐落的農人只要一天的時間就可以除完呢！但是，乾淨的程度，當然也比不上蹲在田裡慢慢地拔除來得徹底。

人工拔草可順道把較瘦弱的苗拔除，較大面積的雜草因成本關係只能用除草機割除地上部

鋪設打洞的銀黑布，是有機紅藜農場常見防治雜草的方式

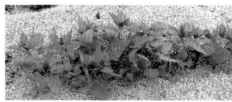

用稻殼等農業廢棄物做雜草防治，也非常環保

30～40cm

40cm

鋪設水帶是常見的大面積灌溉方式，但收水帶較耗工

Step3 —— 灌溉

臺灣紅藜需要充足的水分才長得好，可是臺灣的雨來得又快又急，一下就流入大海，或是造成淹水，然而，後者是紅藜幼苗最怕的情況。若是被水淹過，不是提早死掉，就是再也長不大。

淹灌法

此方法是把水直接灌入整個田區，適當的作法是可以做一道一道隆起的畦，讓幼苗不會被水淹沒；而如果很久沒下雨要補充水分，需要用水塔或水池的水，放水到田裡的溝間，略高過畦面，讓水用毛細現象，慢慢吸上去。

自動灌溉系統

除了淹灌以外，也可以用自動灌溉系統灌溉紅藜田。農民一般會在田裡鋪設黑色的塑膠水帶，也就是軟式的穿孔管，擺放的位置與條播的紅藜平行，水壓到達管路的時候，管路會鼓起圓圓的，水從細小的孔往上噴。這樣的灌溉方式，不會有太多的水流光浪費，甚至也可以在最前端加入液態肥或是溶解的固態肥，藉此省下很多的人力，也比較省水。

用水帶灌溉的缺點是，因為需要塑膠設備和供水的器材，所以設備費用會高出不少；至於澆水的量，只要看到土面全濕，再持續澆灌到溝裡出現較大量的逕流為止，這樣土裡的孔隙才會慢慢地吸飽水分。紅藜初期的根系，在土壤 30 ～ 40 公分以下就已經可以吸到足夠的水分，而再深層的水比較不易被蒸散掉，也可以提供給紅藜主根，讓主根吸到水是最好的結果。

農田筆記

在採收前就收起水帶

水帶使用完畢後，在紅藜採收之前，最好先收起來，以免機器輾壓導致破壞。並且平時就要做好雜草管理，否則在收起水帶時上面覆蓋太多雜草會非常難收。可以利用機具收拾水帶，省時又省力。

一條條水帶須在採收前就收起

Step4 ── 除蟲病害

蟲害

　　臺灣紅藜從前和莧菜同一科，是莧菜的近親，由此可見它的嫩葉就像莧菜般甜甜的很好吃，所以就連蟲蟲也喜歡吃呢！種紅藜有很多種蟲害，首先是蛾類的幼蟲，例如小菜蛾或斜紋夜盜蛾的幼蟲，都很喜歡吃紅藜的嫩葉，若是看到田中有蛾在翩翩飛舞時，要特別當心，因為這些幼蟲來得又快又急。有一次，在苗栗獅潭鄉的溫室外面，只消一個晚上就爬滿了斜紋夜盜蟲，隔天，溫室中葉子已經被吃個精光了，不可以不謹慎呀！

紅藜嫩葉蟲害，葉片上都是洞

即使沒看到蟲，這個時期也要預防性施用微生物

　　另外，臺灣西部有一種名為豆芫菁的蟲子，若是大批襲擊紅藜田，可以將葉子吃個精光，讓紅藜無法行光合作用，導致營養不良。而且蟲子也會在身上帶著壞菌互相傳播，讓健康的紅藜幼苗生病，農民花長時間種植的成果，會一夕間化為烏有。另外，豆芫菁接觸到皮膚，會有灼傷般的傷口，也請務必多加小心，請在不驚嚇蟲子的情況下，迅速拍掉。

噴撒微生物製劑如蘇力菌等，是對人體較安全的資材，也沒有殘留問題

微生物殺蟲

　　有些紅藜田因為使用有機種植，不可以噴灑化學藥劑殺蟲，所以只好借用微生物的力量，將蟲子一舉殲滅。通常殺蟲子比較有效的有機資材是「蘇力菌」，可以稀釋 500 ～ 1000 倍，依據蟲子的多寡調整比例。由於蘇力菌只吃蟲，對人類一點興趣都沒有，所以相當安全。不過要注意，噴菌必須持之以恆，2 ～ 3 天噴一次，連續噴 3 ～ 5 次，才會有明顯效果喔！蘇力菌最好在清晨或者是傍晚太陽下山時噴灑，因為菌也很怕陽光的正能量，太陽太大的話會先陣亡，晚上蟲蟲出來時，就沒辦法好好發揮了。

　　目前有機的資材數量不多，大家可以上農委會的網站查詢，有很多專家都會很熱心地為你解答。網站上面有表列出可用的有機農藥，可以遵循使用。千萬不要使用來路不明、號稱有機的藥劑，若是誤用將有可能被取消有機認證。

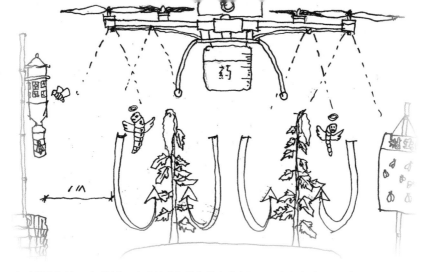

無人機的氣旋可噴到葉背，加上性費洛蒙與黃色黏蟲紙，可大大降低田區受蟲害侵襲機率

噴撒了性費洛蒙的黃色黏蟲紙，可以誘殺很多蟲蟲降低蟲害

無藥殺蟲

若是不想噴藥，還有另外兩種方法。

1、固定黃色黏蟲紙在田邊，如此一來害蟲就會被黏住，也會黏到一些其他的小蟲子，讓害蟲們沒有食物可以吃，數量就會減少許多。

2、製作誘引盒，在裡面放置性費洛蒙誘引劑，可引誘公蟲以為裡面有香香的母蟲，就會被困在盒子中，如此一來無法傳宗接代，就會大幅降低田區的蟲體密度。另外，在吊掛誘引盒的時候，要特別注意須離開田區約莫 1～2 公尺，否則若反而把蟲誘引到田區裡面，就本末倒置了。

病害

不僅是蟲害，臺灣紅藜也有很多的病害。我在臺東、屏東、美濃和苗栗，都親眼見識過真菌類讓成熟的紅藜發霉的慘狀。若是紅藜在快成熟時，遇上濕冷的氣候，頂端就容易變黑然後腐爛，整株穗就會折斷。更可怕的是病害傳染得很快，一定要將病株移除，不能留在田裡，並且也不要使用淹灌法灌溉，免得壞菌隨著水流快速傳播。

在種植的時候將植株的距離拉開一點，並且選擇通風良好的區域，再勤於防治病蟲害以及管理好雜草，讓紅藜生活在乾淨的地方，黴菌和細菌就自然比較不會孳生。

這片因病廢園的紅藜，感染了鐮孢菌，要立即清除病株

紅藜伸出柱頭授粉，
準備迎接成熟轉色

若遇潮濕的天氣，紅
藜一採收下來，一定
要盡速攤開或烘乾

將採收下來的紅藜集中到搬運車
上，盡速載運到乾燥廠處理，後
方就是辛勤揹著網袋收割的夥伴

Step5 —— 採收

　　採收季節快到了，紅藜綠色的穗會開始開花，露出一根根小黃點，然後進行自花授粉。記得這時從清晨到傍晚，千萬不要進行高強度的灌溉，因為不管是大雨或是人工澆水，都有可能將花粉沖洗掉，這樣形同幫臺灣紅藜做了節育措施。再經過一個半月的等待，穗會慢慢轉成鮮豔的紅色、橘色、黃色甚至紫色，田裡的景色相當美麗。

遇水則懼的採收期

　　採收時最怕遇到下雨，若是遇雨就要盡快全部採收下來，否則連幾天的雨可是會讓紅藜變黑，前期的工作都白費了。採收下來的紅藜也必須盡快處理，因為紅藜的發酵能力很強，堆疊在一起很容易發熱，顏色也會變得不美觀，所以要抓緊時間乾燥處理，保持鮮豔美麗的狀態。另外，如果淋雨太久，因為紅藜擁有很強的活性，就會導致穗紛紛冒出頭來發芽，發芽的穀物雖然營養成分會被激發，但是口感還是較不為大眾所接受，在後續的加工處理上也會較麻煩，所以採收的季節還是避開雨季為好。

採收方式

　　採收的時候，可以將網帶綁在身上，然後用鐮刀一穗一穗地割下來，放在網袋裡面，滿了再集中到一處。最好4～6小時就將採收的紅藜鋪開乾燥處理，絕對不可以隔天才處理，因為堆積的紅藜依舊潮濕，容易讓紅藜鮮豔的顏色產生變化，營養素也會跟著流失。

採收時用鐮刀整穗割下，裝入斜背的網帶中，再集中至一處脫粒與烘乾

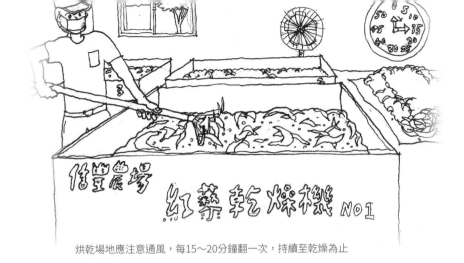

烘乾場地應注意通風，每15～20分鐘翻一次，持續至乾燥為止

Step6 ── 乾燥

帶梗烘乾的好處是，熱風會在孔隙中穿梭，受熱較均勻

　　採收下來之後，緊接著就是曬乾，帶著穗曬或是脫粒後曬都各有千秋，全看農人工作習慣。從前天氣沒有這麼多變，農人們都是鋪在地上曬；現在從南到北的降雨時間很難捉摸，因此農人也改為多在有遮風避雨的地方晾乾，例如利用網袋吊在屋簷底下，再用電風扇吹。近幾年來，也開始有人嘗試使用乾燥設備，不過要特別注意的是不能擠壓到紅藜，否則會變成一塊塊的紅藜泥餅，也會失去美麗的顏色，千萬要小心呵護。

　　如果有連續好幾天的豔陽天，日曬也是很好的選擇，可以保持植物最天然的元素。在地上鋪上帆布或是紗網，將整穗的臺灣紅藜鋪在上面曬，儘量讓彼此有空間通風，和充分享受陽光的溫暖。每曬一段時間就要翻攪一下，若是太陽夠大，只要曬 3 天就會讓紅藜酥酥乾乾的，表示可以收起來了；萬一碰到陰雨，要盡快將帆布對折蓋起來，等雨過天晴再拿出來曬。要特別注意的是，如果感覺雨停不了，別猶豫！要馬上改用機器乾燥，否則紅藜變黑、變醜，還有霉味，是最可惜的事。

Step7 ── 脫粒

　　乾燥過後的紅藜，會從穗上脫落，從前的農人會將紅藜穗往地上一打，或者是鋪在地上，拿棍棒輪番伺候，紅藜穗上的籽實便掉落一地了；另外還可以一手握紅藜桿，另一隻手將紅藜穗反向搓下，也可以把籽實順利脫掉。

脫粒時握住尖端，反方向往較粗端搓下紅藜顆粒至容器，剩下枝條

Step8 —— 篩選

在籽實脫掉後，往往還有一些雜質，這時候就可以用篩子一次一次地搖動，透過篩網把枝葉等雜質清掉，或是用風選機，把比較輕的枝葉給吹掉。我和臺東在地的改良單位，一起研發出電動篩選機器，讓篩選臺灣紅藜不再是個靠腰力，讓大家叫苦連天的工作。但是為了避免吃到異物，最後一步還需人工處理，把可能被風吹而混雜在紅藜內，或是不速之客飛過而產生的小石頭及鳥大便挑掉，經過如此繁瑣、傷眼也耗費體力的工作之後，一袋袋營養可口的帶殼紅藜就問世了。

要先經過初篩和選石才能選出漂亮飽滿的紅藜

至於脫殼紅藜呢？就需要用手讓紅藜顆粒互相摩擦，把臺灣紅藜穿的衣服脫掉，看到外面鮮豔的花變成一粒一粒細小的粉末，輕輕用嘴或是電風扇吹掉，脫殼紅藜就產出了。當然，若是大規模的種植，添購幾臺紅藜脫殼機，會是很省時省力的選擇。

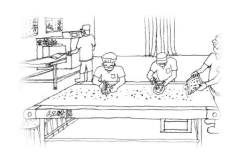

包裝前還要經過人工檢查，相當費時耗力

農田筆記

紅藜的農作麻煩事

相信大家去臺東池上的時候都會看到一片片的稻田，同時金黃成熟，隨風搖曳，美不勝收，而稻穗的高度都一樣；但這樣的情況卻無法在臺灣紅藜田中見到，這是為什麼呢？因為臺灣紅藜無法像稻米一樣，每株都整齊且身高一致，也不會有一起成熟的時機。所以，不平均的各項特性，讓臺灣紅藜的田裡永遠五顏六色，有大有小，有高有低，辛苦的是農民，沒有辦法大面積一次性地作業。

除此之外，篩選紅藜也很困難。一般機器可以協助小麥、黃豆或玉米篩選與其相異顏色的雜質，但是紅藜的顏色有很多種，種皮有黑色、深淺紅、深淺黃，甚至還有與砂石、小枝條一樣的顏色，這讓機器很難分辨是籽實還是雜質。因此只能依靠人工一顆顆、一枝枝仔細地挑掉所有雜質。因為無法色選，所以無法大量出貨，在價格及數量上，都會造成不小的市場困擾呢……

Step9 —— 儲藏

　　種子是上天給我們的恩賜，只要儲藏得好，它的活性將會一直保持，就算過了好幾年，再把種子拿出來，依舊可以播種到土裡生長。從田裡採收下來並經乾燥篩選後的紅藜，不能讓它受潮，否則會讓天然的色素變黑，潮濕嚴重甚至還會再發芽。所以應該在內層用不透水的黑色或透明塑膠袋包起來，不讓紅藜有透氣的機會。而為了防止搬運過程中的摩擦受損，外面會用一般的編織袋再裝上一層，如此一來，就可以避免在儲藏及運送過程中接觸空氣中的水氣，讓顏色產生變化或是再次發芽了！

①控制溫濕度➪②堆放離牆離地5公分➪③乾燥後迅速用不透氣材料裝，做到以上三點才能確保品質

農田筆記

不斷照光卻讓紅藜無法繁衍

　　在臺東知本大學兩側的紅藜田，可以觀察到一個特殊的現象，就是靠近路邊路燈下的紅藜長得特別的高，我等呀等，卻不見臺灣紅藜長出穗來。後來才想到，紅藜顧著長高長壯，卻忘記要做傳宗接代的工作了，這些高個子紅藜因為一直接受路燈的光照而無暇休息、睡覺，因此讓繁衍減少，也讓我學了寶貴的一課。

長得比人還高的紅藜，卻不會繁衍後代

Chapter 4
紅藜的吃法與應用

春天——採收，一整年的辛苦就在此時得以收成

紅藜雖在國外風行多年，卻是近期才在臺灣開始蔚為風潮，但是和稻米或小米相較起來，
大眾還是感覺有些新潮及陌生。不過，紅藜這種超級食物，若是徹底了解它的營養價值，
並且吃對方法，對想要減重、保護腸胃健康的人以及高齡族群，都有良好的效果。

01

國產進口兄弟 營養比一比

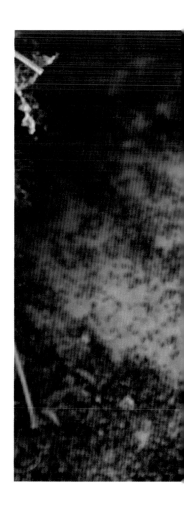

在國外常食用的藜麥正確學名是 Chenopodium quinoa，屬於莧科，藜亞科，藜屬。主要生長在安地斯山脈地區，被稱為安地斯山區的「黃金穀物」，古代印加人稱之為「糧食之母」。目前呈現多樣貌的遺傳性狀，對不同栽植環境的適應性良好，也經過許多研究證實具備極高的營養價值，經聯合國糧食和農業組織（FAO）提議，訂定 2013 年為國際藜麥年。

藜麥的蛋白質含量豐富，因此一般認為多吃藜麥，可以減少對動物性蛋白質來源肉類的攝取。因為其特殊全營養特性，目前在歐美國家，藜麥的食用地位和單價都偏高，有「超級食物」、「未來食品」之稱。

另外，NASA 太空人因為工作繁重，不會花費過多時間進食，但卻同時要補充豐富的營養，讓自己的體能與頭腦保持在最佳狀態，同時需顧及太空梭或太空站的負載，不能帶太多樣以及太重的食物；於是，藜麥家族便因為個頭小、營養多的特性，獲選為太空人的最佳良伴。NASA 甚至將藜麥列為可控制生態維生系統計畫 CELSS（Controlled Ecological Life Support System）可能運用的「維生」作物。

臺灣紅藜的營養

臺灣近幾年有許多廠商進口藜麥販售，也取了很多名字，例如「印加麥」或是直翻為「奎諾亞」，都是跟南美洲文化有關或直接音譯。臺灣紅藜的名字與藜麥同屬名，但是種名不同，正式學名為 Chenopodium formosanum Koidz.，原住名語 Djulis，臺灣植物界給予的正式名稱是「臺灣藜」。

許多文獻都指出臺灣紅藜擁有甜菜色素及類黃酮化合物，抗氧化活性佳；另外紅藜中還有一種物質 GABA，據說在日本很流行面試或考試前服用，可以穩定情緒、調整血壓，以及幫助腎及肝

功能活性化;此外,紅藜還富含多種一般營養成分與機能性成分,如蛋白質、脂肪酸、必需胺基酸、礦物質、膳食纖維及酚類化合物等。其中,離胺酸是大多數穀類所缺乏的營養素,膳食纖維含量在穀物裡也很高。

值得一提的是紅藜的花被,就是俗稱帶殼紅藜最外層的顏色,含有甜菜色素。甜菜色素具高抗氧化力,可以降低敏感性炎症、保護肝臟,又可抑制黑色腫瘤細胞的生長。紅色臺灣藜種子中,酚類化合物含量豐富,以芸香苷為最多,約含 2069.4μg/g。芸香苷為類黃酮類化合物,研究文獻指出,芸香苷具有數種藥理學之機能特性,例如抗氧化劑、抗癌、抗血管栓塞,以及改善心血管疾病等。屏東科技大學在蔡教授的領導試驗下,也發現臺灣紅藜具高量的三種抗氧化 POD、CAT 與 SOD 酵素活性,顯示出帶殼籽實抗氧化能力極佳。

臺灣紅藜與藜麥的營養差異

除了臺灣各地的紅藜田外，我也曾走訪國外的藜麥種植地。國外的藜麥看起來顏色不如臺灣紅藜那麼地鮮豔，穗也不像臺灣紅藜那麼單一，也沒有種植得很緊密，每個都直挺挺地站著。臺灣紅藜擁有很重的穗，都很謙虛地低下頭，可以說是個很有內涵的謙謙君子。

在文獻分析的營養成分中，臺灣紅藜與國外藜麥兩者也有差異，臺灣紅藜可是一點都不輸給國外的藜麥。紅藜和藜麥皆不含麩質，鹼性食品，鈣、鐵、鎂、鋅的含量皆高，膳食纖維含量也高，適合三高族群食用。相較於藜麥，臺灣紅藜熱量更低（低脂、低澱粉），膳食纖維更高，礦物質元素含量更豐富，胺基酸含量更優，絕對是未來機能性食物的首選；在機能性成分方面，文獻指出紅藜含有可以幫助舒眠、安神的 GABA，而藜麥則無，以下歸納幾個文獻上記載的營養成分含量，提供大家參考。

臺灣紅藜與藜麥營養成分比較表

	臺灣紅藜（Djulis）	藜麥（Quinoa）
水 Water（%）	10.15	13.28
粗蛋白 Crude Protein（%）	**17.3**	14.12
粗脂肪 Crude Fat（%）	0.91	6.07
澱粉 Starch（%）	48.5	64.16
膳食纖維 Dietary Fiber（%）	**17.6**	7
鈣 Ca（ppm）	**6401**	470
鐵 Fe（ppm）	**111**	46
鈉 Na（ppm）	238	50
鎂 Mg（ppm）	**3402**	1970
磷 P（ppm）	4177	4570
硒 Se（ppm）	**0.16**	0.085
鋅 Zn（ppm）	**45.3**	31
鉀 K（ppm）	**35280**	5630

粗體字：臺灣紅藜較優異部分。

臺灣紅藜與藜麥胺基酸含量比較表

	臺灣紅藜（Djulis）	藜麥（Quinoa）
粗蛋白 Crude Protein	**17.3**	14
天門冬胺酸 Asp	**1480**	1134
酥胺酸 Thr	**640**	421
絲胺酸 Ser	**770**	567
麩胺酸 Glu	**3480**	1865
脯胺酸 Pro	740	773
甘胺酸 Gly	**1030**	694
丙胺酸 Ala	720	588
胱胺酸 Cys	**400**	203
纈胺酸 Val	**760**	594
甲硫胺酸 Met	280	309
異白胺酸 Ile	**660**	504
白胺酸 Leu	**1060**	840
酪胺酸 Tyr	**580**	267
苯丙胺酸 Phe	**750**	593
離胺酸 Lys	**950**	766
組胺酸 His	**460**	407
精胺酸 Arg	**1590**	1091
色胺酸 Trp	0	320

紅色字：必需胺基酸──人體不能自行生成，一定得靠食物提供。

綠色字：半必需胺基酸──幼年期為必需胺基酸，成年後可自行合成，但需配合必需胺基酸方能合成。

黑色字：非必需胺基酸──人體可自行合成。

粗體字：臺灣紅藜較優異部分。

資料來源：

行政院農業委員會紅藜推廣手冊 - 紅藜之營養與利用 國立屏東科技大學食品系 蔡碧仁教授、維基百科 藜麥 en.wikipedia.org/wiki/Quinoa、信豐農業科技股份有限公司、衛福部食藥署台灣地區食品營養成分資料庫、USDA 美國農業部網站食物營養資料庫

02 臺灣紅藜對哪些
族群有益呢？

減重民眾

　　國外有許多女歌手，例如碧昂絲，都是透過吃臺灣紅藜的堂兄弟
──藜麥來減重。所以想維持好身材，多攝取像臺灣紅藜這種藜科的
穀類，將會有很好的效果。

　　優點：易飽足，穀物取代主食，不再攝取過多熱量。

母親與嬰兒

　　紅藜中含有多種微量元素、豐富的蛋白質和必需胺基酸，適合需要
補足元氣的母親，也可以讓成長中的嬰幼兒獲得更完整的營養來源。

　　優點：水煮易軟，容易咀嚼，微量元素多，含高蛋白質胺基酸。

銀髮族

　　銀髮族若能多補充蛋白質與胺基酸，有助於肌肉的形成，而臺灣紅
藜對於日漸流失肌肉的銀髮族，是相當有益處的補充品。尤其紅藜煮
過之後，非常軟而且顆粒細小，咀嚼後通過喉嚨都不會有異物感，也
不會因過於堅硬而影響米飯的口感。這種有淺淺穀物香的雜糧，是長
輩們接受度很高的全穀類食物。

　　優點：特別容易咀嚼，含高蛋白質胺基酸。

想維持腸胃道良好環境

　　文獻指出，60 公斤的成人，每日吃 22 克帶殼臺灣紅藜，可以預
防大腸直腸癌。因為臺灣紅藜含有豐富膳食纖維，加上種種有益健
康的植化素，對於現代飲食西化、容易大魚大肉的民眾來說，是很
適合的營養雜糧。

　　優點：膳食纖維豐富，易飽足，人體順暢小幫手。

03

臺灣紅藜
的迷思

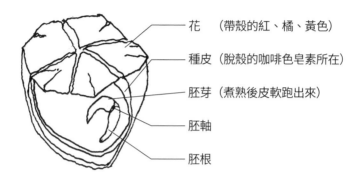

花　　（帶殼的紅、橘、黃色）

種皮　（脫殼的咖啡色皂素所在）

胚芽　（煮熟後皮軟跑出來）

胚軸

胚根

從臺灣紅藜細部剖面可看出俗稱殼的薄薄花被，富含天然色素和膳食纖維，非誤傳的殼帶皂素

　　從前從前‧‧‧‧‧關於臺灣紅藜，有許多眾說紛紜的謠言。傳說部落的小鳥吃了紅藜，竟然會拉肚子？紅藜的外層紅色一定要洗掉，吃了對身體不好？紅藜中含的皂素有毒，不可以多吃？不知道有沒有科學根據可以洗刷紅藜的委屈呢？以下就從學者專家們累積的研究報告，來幫國寶臺灣紅藜說說話，同時也提醒各族群攝取紅藜要注意的事項喔！

解謎1 助消化，順暢排便很自然

　　臺灣紅藜的高量膳食纖維本就有益腸胃道消化，排便順暢是很自然現象。經實驗證實，帶殼臺灣藜含膳食纖維達 14 ～ 22%，為目前穀類之首（農委會林務局 99 年科研報告），膳食纖維不僅能促進排便，對身體也有許多好功效（商業周刊良醫健康網 2015.03）。

解謎2 帶殼紅藜營養成分最高

　　專家研究證明，帶殼紅藜的營養成分最豐富。紅藜具極高營養價值，尤其外殼更含有高量的機能性成分，包括多酚、膳食纖維、類黃酮、胺基酸，以及超氧歧化酶等，具有抗氧化、抑制腫瘤、維持血管彈性、調節胰島素等功能（屏科大，中時報導 2015.11），應該連殼一起食用（林務局紅藜推廣手冊）。所以食用帶殼紅藜時，別再將對身體有益的植物化素洗掉啦！

解謎3 紅藜皂素含量低

　　皂素本身是一種抗氧化物質，可以抑制自由基，預防罹患癌症，但是如果攝取過多，也會對人體造成影響（例如咖啡因）。不過，除非攝取非常極端的量（每日攝取 6 碗飯的量），才可能會刺激腸胃、引起嘔吐或腹瀉，如果正常食用，則毋需擔心。

　　植物皂素存在於豆莢內，例如黃豆、豌豆或是四季豆，會與膽酸（或膽固醇）結合，使得腸道內膜不會受到膽酸的刺激與影響，可避免大腸、結腸癌變，其中以黃豆的含量最高。皂素擁有良好的界面活性作用，猶似「肥皂之素」，可改變大腸癌細胞之細胞膜的通透性，對癌細胞的抑制有很好的效果（國民健康局網站）。臺灣紅藜的皂素含量與絲瓜接近，遠低於山藥、黃豆、人蔘等食物，且不若山藥及人蔘有生食用途，煮熟後食用，皂素含量即會降低。

帶殼臺灣紅藜與其他常見食物總皂素含量比較表

品項	含量	資料來源
人蔘鬚根	8.5～11.5%	www.wikitw.club/article-288027-1.html
人蔘主根	2～7%	www.wikitw.club/article-288027-1.html
黃豆	0.62～6.16%	吉林農業科學 2014 年 02 期
山藥	1.5～3.6%	屏科大食品科學系碩士學位論文：山藥酒的製造研究
進口藜麥	2.5%	www.twwiki.com/wiki/ 藜麥
臺灣紅藜	1.3%	蔡碧仁教授 農委會林務局 99 年科研報告
絲瓜	0.22～0.82%	李文權 江西 不同產地稜角絲瓜總皂苷的含量測定
臺灣黃藜	0.77%	蔡碧仁教授 農委會林務局 99 年科研報告

農田筆記

須謹慎食用紅藜的族群

　　臺灣紅藜在一次又一次的試驗當中被證實，含有非常完整又高量的微量元素，一般人可以放心食用，但營養師表示，因為紅藜中含有豐富的磷、鉀元素，若是患有腎臟病的民眾，千萬不可以吃太多，以免造成身體的負擔。

(請沿此虛線壓摺)

| 廣　告　回　信 |
| 台灣北區郵政管理局登記證 |
| 北 台 字 第 1 2 8 9 6 號 |
| 免　貼　郵　票 |

太雅出版社　編輯部收

台北郵政53-1291號信箱
電話：(02)2882-0755
傳真：(02)2882-1500
(若用傳真回覆，請先放大影印再傳真，謝謝！)

(請沿此虛線壓摺)

太雅部落格 http://taiya.morningstar.com.tw

熟年優雅學院
Aging Gracefully

讀者回函

感謝您選擇了太雅出版社,陪伴您一起享受閱讀的樂趣。只要將以下資料填妥(星號＊者必填),至最近的郵筒投遞,將可收到「熟年優雅學院」最新的出版和講座情報,以及晨星網路書店提供的心靈勵志與健康養生類等電子報。

＊這次購買的書名是:_____

＊01 姓名:_____　性別:□男 □女　生日:西元_____年___月___日

＊02 手機(或市話):_____

＊03 E-Mail:_____

＊04 地址:□□□□□ _____

05 閱讀心得與建議

_____

_____

_____

_____

填問卷,抽好書 (限台灣本島)

單月分10號,我們會抽出10位幸運讀者,贈送一本書(所以請務必以正楷清楚填寫你的資料),名單會公布在「熟年優雅學院」部落格。需寄回函正本,恕傳真無效。活動時間為即日起～2019 / 6 / 30

以下3本贈書隨機挑選1本

加入本書系LINE@
好書消息不遺漏!

填表日期:

西元_____年___月___日

04

臺灣紅藜的
多種用途

　　臺灣紅藜其實渾身是寶，從根、莖桿、嫩葉及成熟後的葉片到籽實，甚至是殼，都可以做出美味的料理和發揮最大的營養功效。臺灣已經研發出適合各個年齡層方便食用的產品。最基本的是帶殼紅藜，它鮮豔的顏色和美麗花被上的膳食纖維，提供相當多的營養成分呢！而被俗稱脫殼紅藜，也就是去除花被的紅藜種子，蛋白質和必需胺基酸的種類豐富、含量非常高，如果想要長肌肉，對排便順暢沒有特別需求的民眾，就可以選擇食用脫殼的紅藜。

　　如果沒有自炊習慣的人，現在市面上也有寬、細、波浪的麵，以及麵線等可供選擇，建議盡量選麵體帶著淡粉色或橘紅色的麵，畢竟紅藜的天然色素對身體有助益，只要花 3 ～ 5 分鐘煮熟就可以上桌了，煮麵的紅色湯汁也可以留下少許，一起喝下喔！因為紅藜含有膳食纖維，所以紅藜麵的口感較 Q，不會軟爛，加上自己喜歡的醬料或是雞湯，適合忙碌的上班族或育兒家庭。本書中介紹多道可以在家自炊的紅藜料理，請參考第五章。

　　究竟市面上可以見到哪些紅藜產品，而他們有哪些特點呢？以下就為大家一一介紹。

帶殼臺灣紅藜（帶花紅藜）

　　臺灣紅藜如果帶著殼，而且呈現鮮豔的紅、黃、橘色，是保存最多天然色素的狀態。各醫學大學、生物科技相關學系以及生技公司，大部分會針對帶殼紅藜做紅藜對人體益處的實驗，主要是著重在紅藜的花被，也就是俗稱的殼，從外觀上來看必定是有很多天然的色素，通常這些天然色素攝取之後，對人體的抗氧化等功效，有正面顯著的效果，因此，試驗成功的機率也大增。

　　一般提到的「殼」，大多會是植物的內外種皮等較堅硬的部分，而臺灣紅藜被稱為殼的部分，卻是柔軟且容易吸水的花。臺北醫學大學曾經有發表過一個動物試驗，60 公斤成人每日吃 22 克紅藜可預防大腸及直腸癌，而他們所使用的材料正是帶殼紅藜！這項試驗甚至到愛爾蘭參加世界級的營養健康研討會發表，獲得國際間很大的關注，也讓臺灣帶殼紅藜的需求有大幅度的成長。吃了帶殼紅藜後，許多消費者反應便便真的比較順喔！

脫殼臺灣紅藜

　　將帶殼紅藜用機器研磨後，最外層乾燥、粗糙的花被磨成粉狀，而顯露出淡棕色的種皮，這就是脫殼紅藜。脫殼紅藜的必需胺基酸和蛋白質含量比例較高，如果食用者平常的排便就很順暢，或者目的是追求肌肉量而非清空腸胃道，脫殼紅藜就已經有很好的效果。

　　脫殼紅藜與帶殼紅藜味道相近，加入白米中一起烹煮，或是煮粥也是目前最廣泛的食用方法。

不論是帶殼或脫殼紅藜，都是對人體有益的健康穀物

臺灣紅藜白米混和包

　　現代大部分的人生活講求效率，前面有提到，臺灣紅藜最常見的吃法就是和米飯一起煮或是煮成粥，所以為了節省消費者處理的時間，腦筋動得快的廠商便將白米和紅藜混和完成，讓民眾購買回家可以直接烹煮，在沖洗的時候也比較方便。挑選的時候要注意，不要只看臺灣紅藜的品質，也要仔細看看米的產地和米質，是非常重要的一環喔！

臺灣紅藜穀物粉

　　臺灣紅藜麥研磨成粉後，經過熟化非常適合作為沖泡穀粉，現在已經有商家提供臺灣紅藜的生粉原料，或是由加工廠將帶殼紅藜研磨到適合的大小，熟化後再搭配其他營養的穀類，或是適合的風味調味，製作出用開水沖泡的罐裝或小包裝的穀粉。

　　在沖泡穀粉的趨勢中，天然健康、減糖或無糖，支持國產雜糧，再加上良好的口感與風味，會是一般大眾挑選穀粉的主要考量。穀物粉非常適合上班族在午茶時間，或者是有點餓，但又還不到吃正餐時喝一杯，是種忙裡偷閒的小確幸。

臺灣紅藜烘焙製品

　　有許多麵包店師傅直接在麵團裡加入紅藜粉，做成紅藜麵包或貝果等，呈現非常可口誘人的粉紅色，有些甚至可以在麵包上可以看到一點一點的紅藜呢！在享受麵包酵母發揮的香甜嚼勁外，也攝取了紅藜的營養元素和蛋白質和胺基酸，十分營養健康。

臺灣紅藜麵

　　煮飯備料的過程很費時嗎？紅藜麵或許是個料理好選擇。市面上一包紅藜麵約 200 ～ 600 克，寬麵、細麵、波浪麵及麵線產品，都已經銷售好長一段時間。不過建議各位，為了健康著想，應該選擇添加物越少越好的紅藜麵，並且麵條最好帶著淡淡的粉紅色，紅藜天然的顏色保存在麵體上，代表有較好的製程。紅藜細麵及麵線煮來搭配雞湯、麻油雞或薑母鴨，偏 Q 的口感，吸飽湯汁，讓人忍不住一碗接一碗。

臺灣紅藜茶

　　臺灣紅藜在許多的試驗中，都發現水萃取物對人體的好處都很明顯，因此臺灣紅藜茶也是如此。紅藜茶呈現天然的植物元素，飲用後能舒緩身心，也會較好入眠，而且還不含咖啡因，2 ～ 3 公克可以回沖 3 ～ 4次，是非常划算又健康的飲品。

臺灣紅藜益生菌及酵素加工品

　　因為紅藜發酵效果非常好，所以很適合製作成發酵製品，而且也適合加入益生菌，照顧人體的消化系統。吃飽飯後來一包益生菌，能夠維持體內良好的秩序，對健康也有幫助。

臺灣紅藜休閒食品

　　市面上常見的有紅藜鳳梨酥，或是直接稱之為鳳藜酥。在餅皮上，可以看見紅色的顆粒，咀嚼起來也吃得到紅藜的口感，紅藜與鳳梨這兩項可以凸顯臺灣特色的作物，成為絕佳的伴手禮。另外，牛軋糖也很適合與紅藜結合，顯現出淡淡的粉紅色，咀嚼起來不會太甜，還多了一股紅藜的穀物香，和著香濃的牛奶味，許多消費者也非常喜愛。

紅藜可以運用在多種食品當中，飯、麵、茶、粉一應俱全

05

紅藜的未來

　　目前藜麥的主要生產國集中在南美洲，沿著安地斯山脈 3,500 公尺的地帶，都是藜麥的生產區，當地農人多聘僱工人處理各個流程，因為工資比臺灣要便宜許多，所以當地的產出成本也低於臺灣許多。但是正因為如此，當地人自己生產的藜麥及其製品，農戶卻吃不起，而且國外的藜麥農人，也認為臺灣的食品加工科技領先其他藜麥種植國，可見就算是在國際間長紅多時的藜麥，還是有很多產銷、加工技術，甚至是社會經濟問題需要解決。祕魯和玻利維亞的藜麥農民，對於臺灣種植紅藜麥的區域可落在 1,500 公尺以下，甚至可以在平地大規模栽種，也感到不可思議呢！

南美藜麥原生種植區較高，約3,500公尺；臺灣紅藜種植區約1,500公尺以下

南美藜（左）高挺向上；
臺灣紅藜（右）鮮豔低垂

世界主要藜麥產區

玻利維亞

　　玻利維亞向來為藜麥主要生產國，2014 年前產量為世界第一，2010 年出口 6,400 萬美元的藜麥，2012 年產 58,000 公噸，出口達 8,000 萬美元，2014 年出口 1.53 億美元，主要市場為美國，其次為歐洲的法國與荷蘭。

祕魯

　　祕魯農業部宣布他們的藜麥產量於 2014 年超越玻利維亞，成為藜麥最大生產國及出口國，生產達104,000 公噸，出口達 1.87 億美元（約新臺幣 58億，高於玻利維亞之 1.53 億美元）。

　　祕魯政府大力推動藜麥種植，並於高原產區給予技術支援，使祕魯的藜麥產業大興，同時也引起玻利維亞宣稱祕魯藜麥質量較低的貿易戰。曾經，在日本的食品展上，祕魯由農民合作社及企業共同展出包括藜麥之裸麥、啤酒、義大利麵等產品，可謂傾全力將祕魯打造成藜麥第一大生產國；相形之下，玻利維亞於亞洲最大之食品展較少作為，產量及產值被超越絕非意外。

祕魯於東京食品展展出的藜麥義大利麵及啤酒，賣相及設計均佳

農田筆記

向祕魯學習推廣臺灣紅藜

　　臺灣紅藜在許多的試驗中都顯示出非常好的競爭力，不過我們還是可以借鏡祕魯的經驗。他們在國際上良好的形象、設計，以及研發多種滿足消費者的產品，同時在前端的產區技術研發，以及契作與採購鏈的穩定建立，才是讓產品躍上國際舞臺的基本功。既然祕魯可以下定決心超越玻利維亞，成效看起來也非常不錯，我國更有高智慧的農民、非常先進的農業技術、完整的農田水利系統，加上國家整體的資本，我相信只要團結合作，臺灣紅藜必將在世界各地發光發熱，成為藜麥家族的第一名，其前景指日可待。

　　因為世界上各區域都有農人在種植藜麥，我認為臺灣紅藜絕對不要去瓜分現有國際上的藜麥市場，而是推廣給更多人知道藜麥家族。特別是告訴大家臺灣紅藜的差異性和獨特的好處何在，增加消費族群，讓大家在熟悉食物特性的前提下，選出真正適合自己的藜麥種類或是藜麥加工品來食用，才是真正的推廣。

Chapter 5

創意料理
Creative Cuisine

健康料理
Healthy Cuisine

親子料理
Kids-friendly Cuisine

紅藜料理手帖

宴客料理
Banquet
Cuisine

古早味料理
Traditional
Cuisine

原住民料理
Aboriginal
Cuisine

料理之前：紅藜料理基本功

大部分的民眾，因為藜麥的籽實細小又輕，所以在煮食前的沖洗和料理都會小卡關，在此介紹我自己的洗紅藜撇步。

清洗紅藜

使用器具

1. 握柄篩網（果汁網）1個
（最好買有兩個耳朵可以架在鍋上）
2. 鍋子1個（直徑比篩網大）

紅藜最常見的料理方式是和白米一起煮（圖為帶殼紅藜）

另外一種洗法是用不透水的容器盛裝，用水淘洗將表層雜質沖掉

洗紅藜Step by Step

❶ Step1 洗米備用

小家庭的分量是2杯米，洗淨後備用。

❷ Step2 清除雜質

將1／4白米分量的帶殼或脫殼臺灣紅藜，倒入量杯內，加入水後，稍微攪動第一次，輕輕把上方雜質倒掉。

❸ Step3 倒入篩網

當雜質倒掉後，紅藜還在量杯內旋轉分散時，快速倒在篩網上。

❹ Step4 紅藜浸水

將鍋子放在水槽內加滿水，再將篩網浸入鍋內，篩網表面與洗鍋表面齊平，或是將篩網的耳朵跨在鍋子上。

❺ Step5 清洗紅藜

持續放水流，水流量不宜過強，手握篩網圓形旋轉，洗掉雜質，重複2～3次。

❻ Step6 提起篩網

將篩網浸入洗鍋，紅藜平均分布後，快速提起篩網，讓紅藜集中在篩網的最底層。

❼ Step7 倒入飯鍋中

將篩網倒置，快速將紅藜倒入飯鍋，若黏在網底就多敲幾次，或是再放到洗鍋裡重複Step5。

❽ Step8 視紅藜與白米量加水

倒入白米，視紅藜與白米量加1:1或是1:1.2的水，鍋外建議加1～1.5杯的水。

❾ Step9 美味上桌

拿出紅藜飯，用飯匙上下翻攪均勻，一鍋金黃色，營養豐富又香噴噴的紅藜飯就上桌了。

備用紅藜

　　若想做更多變化的紅藜料理，可以先將紅藜煮好備用，要使用時再分批取出，就會很方便。經過前頁的 Step1 ～ 6 洗淨後，將紅藜倒入平底鍋，加入 1.2 ～ 1.5 倍紅藜量的水，用中火至小火，不蓋鍋蓋，將紅藜煮到水收乾；瀝乾後放涼，用保鮮盒裝起來冷藏。

　　備用的紅藜不管是煮小米粥、綠豆湯，或者是早上起來做一盒營養的沙拉、搭配豆腐淋點醬油，甚至是加入優格裡，都是非常方便的作法。

紅 藜 加 油 站

gas station

烹煮時的注意事項

1. 坊間有一種電鍋，上頭有一個圓形小孔，烹煮時會噴出蒸氣，這種電鍋不適合煮紅藜，會在烹煮的過程中將紅藜噴出，不好清理。
2. 煮紅藜飯時，建議將紅藜放在白飯的下面，內鍋的水也不建議太滿，以免煮滾後紅藜浮出鍋外。
3. 電鍋跳起後悶3～5分鐘，會使米飯更加Q軟好吃。

煮紅藜時冒出的小蟲

　　大家在煮紅藜時，是不是時常會發現有一條條細細彎曲的白色小蟲跑出來呢？請放心，這並不是蟲子喔！而是紅藜的外殼軟化後，內部的籽實吸水，把種子的胚軸到胚根撐出來，漂浮在水面上的結果。

創意料理

Creative Cuisine

鑲蛋

材料

雞蛋 3 ~ 4 個
蔥花少許
辣椒少許

醬料

美乃滋 3 大匙
XO 醬 1.5 大匙
洋蔥少許
黑胡椒粗粒少許
洋香菜少許
熟紅藜 1 大匙

裝飾

蔥花少許
辣椒少許

作法

1 將雞蛋水煮至全熟後，撈起放入冰水中備用。
2 將作法 1 的蛋黃取出，與醬料的所有材料搗碎混合拌勻。
3 將作法 2 填入擠花袋中，擠入挖空的蛋白中。
4 最後撒上蔥花與辣椒裝飾即可。

Cooking Tips
水煮蛋簡易作法

要煮出好吃的水煮蛋，最重要的撇步就是用冷水開始煮蛋，否則在水滾時下蛋，蛋殼容易裂；煮的時候可以在水裡加一點白醋或鹽，這樣蛋白會比較光滑。

水滾後約10～15分鐘關火，撈起放到冰水裡即可，這麼做可以利用熱脹冷縮的原理，讓蛋殼之間產生空隙，比較好剝。

繽紛水果罐沙拉

材料

葡萄 6 顆

芭樂 半顆

蘋果 1 顆

番茄 2 個

柳橙 1 顆

奇異果 1 顆

熟紅藜 1 大匙

醬料

蜂蜜 10 ～ 12 毫升

檸檬汁 10 ～ 12 毫升

原味優格 30 毫升

※ 蜂蜜：檸檬汁：原味優格＝

1：1：3 為最佳的醬料比例

作法

1 將材料洗淨後備用。

2 將醬料材料全部混合後備用。

3 將芭樂切塊、蘋果與奇異果去皮切塊、番茄切角、
柳橙切丁備用。

4 將作法 3 的所有材料整齊放入容器內，撒上熟紅藜，
淋上作法 2 的醬料即可享用。

Cooking Tips

┃ 甜度低的水果可以用水果優格增添風味

材料中的水果可以隨自己的喜好來替換,若是選用的水果甜度
較低,則醬料中的原味優格,可以改用草莓或是藍莓等有味道
的優格取代,增添風味也能兼顧健康。

┃ 吃水果的好處及注意事項

1 吃水果不僅較健康,更可以滿足視覺上的享受;擺盤上或容
器內可依照顏色漸層,或是多種混合,營造色彩繽粉的感覺,
讓吃水果的心情變得不一樣。

◆ 紅色水果:石榴、西瓜、草莓、櫻桃、番茄
◆ 橘色水果:橘子、芒果、木瓜、柳橙、鳳梨
◆ 綠色水果:奇異果、青蘋果、芭樂、哈密瓜、綠葡萄
◆ 紫色水果:藍莓、紫葡萄、桑椹
◆ 果肉白色或米黃色的水果:梨子、火龍果、蘋果

2 一早或空腹時不建議食用:鳳梨、山楂、香蕉、番茄、橘
子、荔枝、柿子。

3 低卡水果:奇異果40kcal／顆、西瓜60kcal／片、鳳梨60kcal
／片、蘋果60kcal／顆、綠棗30kcal／顆、小番茄3kcal／粒。

4 高營養、低GI水果:奇異果、小番茄、芭樂、蘋果、柳橙、
櫻桃、藍莓。

上海鹹豬肉菜飯

材料

白米 1 杯
紅藜 1／3 杯
臘肉 1 大塊
青江菜 5 株
長條豬五花肉 1 盒
（約 2 條共 200 克）
蒜末少許
鹽少許

醃料

黑胡椒粉粗粒少許
白胡椒粉少許
鹽少許
米酒半杯

作法

1 將長條豬五花肉用醃料醃製，放置一旁備用（若時間足夠，可冷藏一天會較入味）。

2 將白米與紅藜洗淨，用電鍋蒸熟（水不需放太多，可煮偏乾一點）。

3 將青江菜洗淨後切碎，臘肉切丁後備用。

4 將作法 1 的豬肉切段（每段約 5 公分），並用電鍋蒸熟即成鹹豬肉（蒸熟後肉汁不要倒掉）。

5 起油鍋，爆香蒜末，加入臘肉丁炒熟後，加些許水與作法 4 的湯汁一起拌炒，再加入青江菜與作法 2，拌炒均勻後熄火。

6 將作法 4 的鹹豬肉鋪在飯上即完成。

炸鯛魚饅頭漢堡

材料

白饅頭
（黑糖饅頭）1 個
鯛魚 1 盒
雞蛋 2 顆
牛奶 1 大匙
鴻喜菇少許
熟紅藜 1 大匙
鹽少許
百里香少許
檸檬胡椒少許
低筋麵粉少許

醬料

美乃滋半碗
洋蔥 1 ／ 4 顆
巴西里少許
義大利香料少許

作法

1 將雞蛋與牛奶拌勻後備用。

2 將鯛魚洗淨後切段，表皮撒鹽、沾麵粉。

3 將作法 2 下油鍋煎至兩面金黃，撒上檸檬胡椒後起鍋。

4 起一鍋，將鴻喜菇炒熟，再加入作法 1 與熟紅藜，再加入百里香與鹽調味。

5 將白饅頭蒸好後切半。

6 將醬料的所有材料攪拌均勻後備用。

7 將作法 3 與 4 夾入饅頭中，加入作法 6 即完成（可依個人喜好加上蕃茄片、小黃瓜或生菜）。

Cooking Tips

鯛魚片的挑選方法

市售的鯛魚片往往有兩種顏色，鮮紅色的鯛魚片鮮豔美麗，引人食欲，但很有可能是在肉片中打了一氧化碳的緣故，為了讓賣相好、顏色更漂亮以吸引顧客；沒打過氣體的鯛魚片則呈現咖啡色。所以在挑選魚片時，可以仔細觀察肉身的顏色再下手購買。

目前有新的氧合技術，較安全亦可保色，所以一定要選標示清楚的合法工廠所出品的鯛魚。

法式薄餅佐奶酥醬

材料

中筋麵粉 35 克
牛奶 85 克
奶粉 10 克
雞蛋 1 顆
熟紅藜 1 茶匙
無鹽奶油 1 塊
奶酥醬少許
藍莓 15 顆
奇異果 1 顆
蓮霧 1 顆

作法

1. 將蓮霧與奇異果切塊備用。
2. 將牛奶與雞蛋攪拌均勻,再加入過篩的中筋麵粉與奶粉拌勻。
3. 將作法 2 過篩後,加入熟紅藜稍微攪拌均勻。
4. 起一鍋不沾鍋,放入奶油,熱鍋後轉小火倒入作法 3 煎熟後翻面,讓兩面皆熟。
5. 將奶酥醬塗在作法 4 上,對折成三角形。
6. 撒上藍莓與作法 1 即可起鍋,可視喜好搭配醬料食用。

Cooking Tips

法式薄餅合適的配搭選擇

此道法式薄餅,搭配焦糖醬、糖粉、冰淇淋、蜂蜜、棉花糖、堅果、奶粉或是巧克力醬都很好吃。水果則可以選用紅、綠、黑等多種顏色搭配,更引人食慾。

三絲日式冷麵

材料

紅藜麵 1 塊
小黃瓜 20 克
紅蘿蔔 20 克
蛋皮 20 克
雞胸肉 50 克

醬料

白開水 80 克
日式醬油 1.5 大匙
蠔油少許
味醂 1 茶匙
香油少許
洋蔥 20 克
蒜頭 2 顆
蔥 10 克
沙拉油少許

作法

1. 將小黃瓜和紅蘿蔔洗淨後汆燙，與蛋皮一起切成絲備用。
2. 將雞肉水煮或蒸熟後，切絲備用。
3. 煮一鍋滾水，放入紅藜麵，煮熟後撈出沖冷水，瀝乾放入碗中。
4. 起鍋倒入沙拉油，熱鍋後爆香洋蔥及蒜末，再加入其他醬料材料翻炒，放涼後即完成醬料。
5. 將作法 1 與 2 擺在作法 3 上，最後淋上作法 4 即完成（可以將食材冷藏 1～2 小時再享用，風味更佳）。

壽司蛋糕球

起士火腿壽司球

將 1 湯匙煮熟的熟紅藜、手掌分量的白飯、少許美乃滋與起司粉捏成球狀（可使用市售模型方便操作），上面再放上 1 片火腿片與 1 片起士片，放入烤箱烤 15 分鐘，再放上少許松露即完成。

玉米鮮蝦壽司球

將 1 湯匙煮熟的熟紅藜、1 塊有鹽奶油塊，用手掌分量的白飯包住捏成球狀（可使用市售模型方便操作），上面再撒上玉米粒與煮熟的鮮蝦（蝦子可以在前一天用鹽與香油醃製），放入烤箱烤 15 分鐘即完成。

蒲燒鯛魚壽司球

將 1 湯匙煮熟的熟紅藜與手掌分量的白飯捏成球狀（可使用市售模型方便操作），上面再放上蒲燒鯛魚（鰻魚）及 1 片起士片，放入烤箱烤 15 分鐘，再撒上海苔與蔥花，最後擠上山葵醬即完成。

Cooking Tips

模具的脫模與清潔

飯團模型如果有些澀或是緊的情況，可以將食用油塗抹在容器內，就能比較順利的脫模；模具請用一般的清潔劑清洗，勿用熱水或是烘碗機，易使模具變形。

蒲燒鯛魚作法

材料

市售鯛魚片 1 份、鹽少許、白胡椒少許

醬汁

醬油 3 大匙、米酒 3 大匙、味醂 2 大匙、醬油膏 1 大匙、糖 1 大匙、水 1 大匙

作法

1 將鯛魚洗淨擦乾，用鹽與白胡椒醃製 20 分鐘。

2 起一鍋，將醬汁所有材料放入鍋中，煮滾後轉小火。

3 將魚片放入鍋中，煮至醬汁變濃稠即可完成。

壽司飯作法

若是想讓風味更接近壽司，紅藜飯可以更換為醋飯，也就是壽司飯。接下來介紹壽司飯的作法。

材料

白米 1 杯
壽司醋 1 杯
白砂糖 1 杯
鹽少許

作法

1 將白米洗淨，加入 9 分半的水（米杯），浸泡 15 分鐘再入鍋煮，就可以煮出稍乾的白飯。

2 將壽司醋、白砂糖與鹽混合均勻備用。

3 將煮好的作法 1 與作法 2 混合拌勻，翻拌的過程可以利用電風扇降溫，即完成壽司飯。

三色蛋披薩

材料

蔥抓餅皮 1 個
有鹽奶油 1 塊
乳酪絲少許
皮蛋 1 顆
鹹蛋 1 顆
雞蛋 1 顆
柴魚片少許
熟紅藜 1 大匙
蔥花少許

醬料

醬油膏 2 大匙
味醂 1 小匙
香油 1 小匙

作法

1 將醬料所有材料混合均勻。
2 將皮蛋與鹹蛋切丁備用。
3 將蔥抓餅皮用有鹽奶油煎至金黃，盛到烤盤中。
4 將作法 1 塗在作法 3 上（不要太多，否則會太鹹），撒上乳酪絲，擺上作法 2。
5 將雞蛋煎成荷包蛋放在中間位置，撒上柴魚片及熟紅藜。
6 放進烤箱烤 15 分鐘，出爐後再撒上蔥花即可。

> *Cooking Tips*
> **皮蛋及鹹蛋挑選方法**

皮蛋及鹹蛋建議挑選有廠牌、標示清楚的商品；若在傳統市場或雜糧行購買，皮蛋蛋殼盡量不要有黑點（避免鉛丹或硫酸銅含量過高），鹹蛋則不能有異味。

雞蛋挑選方法

1 細長的蛋，蛋白較多；圓的蛋，蛋黃較多。
2 雞蛋外表粗糙表示新鮮，表面光滑代表放了很久。
3 雞蛋必須選擇蛋殼厚實、無裂痕，如有裂痕易造成細菌及病毒汙染。
4 雞蛋必免和氣味濃厚的食材放在一起，以免蛋殼的氣孔吸入氣味。

松露野菇燉飯

材料

白飯 2／3 碗
熟紅藜飯 1／3 碗
橄欖油少許
無鹽奶油 1 小塊
蒜末 3 顆
紅蔥頭 1 顆
洋蔥少許
鴻喜菇少許
美白菇少許
香菇 2 朵
牛肝菌少許
蛋豆腐 1 小塊
起士 1 片
白酒 1 大匙
高湯
（雞粉 2 大匙＋水）1 碗
水適量
牛奶半碗

調味料

起司粉少許
鹽巴少許
義大利香料少許
巴西里（迷迭香）少許
松露醬少許

作法

1 將奶油與橄欖油加熱後，爆香蒜末、紅蔥頭與洋蔥。
2 將所有菇類加入後翻炒至熟。
3 加入白飯與熟紅藜飯繼續翻炒。
4 倒入白酒、高湯、牛奶與水煮滾後轉小火，燜煮待湯汁收乾。
5 待飯煮至熟透軟嫩後，加入蛋豆腐與起士燜煮，再加入調味料調味即完成。

Cooking Tips
義大利香料的成分

義大利香料是奧勒岡葉、羅勒葉、迷迭香葉、蒜粒、紅辣椒、馬郁蘭葉、洋香菜葉乾燥剁碎而成的，是植物五辛素的調味料，在許多西式料理中常見。加一點即可提味，香氣更加豐富。

清燉牛腩湯麵

材料

牛腩 1 盒
薑 2 片
蔥 1 根
桂皮 1 個
香菜 1 株
紅藜茶包 1 包
紅藜麵 1 束

調味料

鹽 1 茶匙
雞粉 1 茶匙
米酒 1 大匙
紹興半匙
胡椒粒少許
花椒粒少許

作法

1. 將牛腩洗淨切段，汆燙去血水後撈起備用。
2. 將紅藜茶包沖泡成紅藜茶備用。
3. 將作法 1、薑、蔥、桂皮與調味料放入鍋中。
4. 倒入紅藜茶淹蓋過牛腩，放入電鍋蒸煮至熟透（外鍋 1 杯水）。
5. 將蔥、薑片與桂皮撈起，加入香菜與所有調味料。
6. 另起一鍋滾水，放入紅藜麵煮至熟後撈起。
7. 將作法 6 加入作法 5 中，即可享用。

Cooking Tips

牛腩與牛腱用途大不同

牛腩即牛隻三層肉的部位（牛腹），會帶些油花和筋（半筋半肉），肉質比起牛腱相對較軟嫩；牛腱也算是牛腩的一種，但筋肉較多、油較少，屬瘦肉，因此一般多用來滷製，不適合燉湯及紅燒料理。

抹茶蛋捲餅

材料

中筋麵粉 35 克
抹茶牛奶 85 克
雞蛋 1 顆
熟紅藜 1 大匙
無鹽奶油 1 塊
抹茶粉少許
糖粉少許
蜜紅豆少許

作法

1 將雞蛋與抹茶牛奶攪拌均勻,再加入過篩的中筋麵粉拌勻。

2 加入熟紅藜、抹茶粉與糖粉輕輕攪拌。

3 起長方形不沾平底鍋,加入無鹽奶油,熱鍋後倒入作法 2,煎至熟將蛋皮捲起後盛盤。

4 重複步驟 3,最後撒上糖粉與抹茶粉,再放上蜜紅豆即可享用(亦可依照喜好搭配鮮奶油或冰淇淋)。

Cooking Tips
蜜紅豆做法

材料

紅豆50克
水適量
二砂糖100克

作法

1 將紅豆洗淨,加水(分量外)淹過紅豆浸泡1天。

2 將浸泡後的紅豆瀝乾倒入電鍋,加入水,高度超過紅豆約2公分。

3 將電鍋調整至煮粥功能,炊煮至軟爛。

4 打開電鍋確認紅豆熟透後,再加二砂糖攪拌均勻即可。

韓式牛肉湯麵

材料

牛腩 2～3 條
韓式牛肉湯包 1 包
紅藜波浪麵 1 塊
蒜末少許
蔥花少許
鹽少許
米酒 1 大匙
紅藜茶包 1 包
沙拉油少許

醃料

鹽少許
黑胡椒粗粒少許
白胡椒粉少許
米酒 1 大匙
蒜末 6～8 顆

作法

1 將牛腩切塊後，加入所有醃料醃製 1 天。

2 將紅藜茶包沖泡成紅藜茶備用。

3 起一鍋加入沙拉油，熱鍋後將醃好的牛腩、蒜末和米酒加入鍋中炒至 8 分熟。

4 放入牛肉湯包及作法 2，煮至牛腩軟嫩，再加入鹽調味。

5 另起一鍋滾水，放入紅藜波浪麵煮至熟後撈起。

6 將作法 5 加入作法 4 中，撒上蔥花即完成。

韓式泡菜春捲

材料

熟紅藜細麵 100 克
韓國泡菜 80 克
牛（豬）肉片半盒
豆芽菜
（金針菇或小黃瓜）少許
紅蘿蔔 30 克
白蘿蔔 30 克
水 40 毫升
蒜末 1 瓣
海苔少許
春捲皮 3～4 張
沙拉油少許
辣椒粉 1 小匙

作法

1 將紅蘿蔔與白蘿蔔洗淨切絲備用。
2 起一鍋加入沙拉油，熱鍋後加入蒜末爆香。
3 加入牛肉片炒香後再放入泡菜、辣椒粉與水。
4 開中火煮至湯滾，熄火前放豆芽菜與作法 1 煮熟。
5 另起一鍋滾水，放入紅藜麵煮至熟後撈起。
6 將作法 4 倒入作法 5 中拌勻。
7 用春捲皮將作法 6 與海苔捲起，即可享用。

肉醬乾麵

材料

紅藜寬麵 1 束
豬絞肉（粗）300 克
蒜末 2～3 顆
砂糖半茶匙
米酒 1 茶匙
醬油 1 碗
豆瓣水
（豆瓣醬 40 克加水）2 碗
油酥蔥 1 大匙
酸菜少許
蔥花少許
沙拉油少許
辣油少許

作法

1. 起一鍋加入沙拉油，熱鍋後加入蒜末爆香。
2. 加入絞肉、砂糖與米酒炒至熟，再下醬油、豆瓣水與油蔥酥翻炒。
3. 另起一鍋滾水，放入紅藜寬麵煮至熟後撈起。
4. 將作法 3 加入作法 2 中拌勻，再加入酸菜、蔥花及辣油即可享用。

Cooking Tips

豬肉部位用途大不同

1. 胛心肉：通常是瘦肉，比較沒有油脂，適合做肉排。
2. 三層肉：油花多，嫩且不澀，適合做肉丸子，喜歡軟嫩口感者可選擇。
3. 後腿肉：筋較少，口感不會過油過乾，適合做絞肉，喜歡嚼勁口感者可選擇。

粗細絞肉用途大不同

1. 粗絞肉：經過機器絞1次，適合製作肉醬、滷肉燥、拌炒或是加工成肉丸等。
2. 細絞肉：經過機器絞2次，適合製作水餃、餛飩、湯包或是漢堡排等。

起士豬肉捲

材料

起士 2 片
梅花豬肉薄片
（雞肉或牛肉）1 盒
雞蛋 1 顆
低筋麵粉少許
麵包粉少許
熟紅藜 1 大匙
鹽少許
黑白胡椒少許
黑胡椒粗粒少許

醬料

蒜末少許
柴魚醬油 2 大匙
味醂半匙
味噌 1 大匙

作法

1 將梅花豬肉薄片先用鹽、黑白胡椒與黑胡椒粗粒醃製 2 ～ 3 小時。

2 取一片作法 1，中間鋪上熟紅藜與起司片，再疊上一片作法 1。

3 將作法 2 沾低筋麵粉、蛋汁與麵包粉，下油鍋炸至金黃色。

4 將醬料中的蒜末爆香，加入柴魚醬油、味醂與味噌，即完成醬料。

5 作法 3 盛盤後搭配作法 4 即可享用。

Cooking Tips

梅花豬肉的用途

梅花豬肉屬於油花分布均勻的肉塊，因油脂較多，可以用炸或燒烤方式料理，吃起來口感不乾澀、好入口。

白酒蒜味透抽佐紅藜

材料

透抽
(小卷、花枝或蝦子) 1 盒
蒜末 3 顆
蒜頭 2～3 顆
洋蔥少許
乾辣椒少許
香菜少許
馬鈴薯半顆
熟紅藜半碗
鹽少許

調味料

橄欖油 1 大匙
白酒 1 大匙
檸檬汁 1 大匙
鹽巴少許
黑胡椒粉少許
匈牙利辣味粉少許
泰式檸檬香草鹽少許
巴西里少許

作法

1 將透抽清洗乾淨去除內臟。

2 煮一鍋滾水汆燙透抽，煮滾後加少許鹽，熄火後浸泡 2 分鐘，撈起後瀝乾備用。

3 熱一鍋沙拉油，將切塊馬鈴薯與蒜頭粒下油鍋炸至熟，撈起瀝乾。

4 起油鍋爆香蒜末、洋蔥與乾辣椒。

5 加入透抽和白酒，翻炒後再加入作法 3 與一半熟紅藜，翻炒後再加入所有的調味料。

6 最後拌入香菜與另一半熟紅藜即可。

Cooking Tips

透抽挑選方法

透抽學名是劍尖槍烏賊，有些稱作中卷，吃起來帶有甜味，適合汆燙、快炒、三杯等方式料理。新鮮透抽身體部位按壓時彈性佳、表皮完整、顏色呈現茶色；不新鮮的透抽按壓身體時塌而無彈性、表皮有受損、外表顏色較紅。

奶油絲瓜蛤蜊盅

材料

蛤蜊 1 盒
絲瓜半條
蒜頭 3 顆
米酒少許
有鹽奶油 1 塊
熟紅藜 1 大匙
金針菇半包
薑絲少許

作法

1 以有鹽奶油爆香蒜末，加入絲瓜拌炒，再倒入少許水。

2 蓋上鍋蓋燜煮至軟嫩，再放蛤蜊、米酒、熟紅藜與金針菇翻炒。

3 待蛤蜊全開後放薑絲，熄火即完成。

Cooking Tips

蛤蜊挑選方法

1 新鮮蛤蜊顏色較深；較白的蛤蜊可能經過鹽酸或雙氧水漂白。

2 取兩個蛤蜊互敲，聲音沉穩比較新鮮；聲音中空表示其中一個已死亡。

健康料理

Healthy Cuisine

洋蔥番茄盅

材料

牛番茄 2 顆
雞絞肉半碗
洋蔥半碗
起士片 1 片
熟紅藜 1 大匙
巴西里少許
蔥少許
蠔油 1 大匙
白胡椒粉少許
沙拉油少許

作法

1 將牛番茄的上蓋切開，挖出番茄肉心切丁備用。

2 起一鍋加入沙拉油，放入切丁洋蔥炒香，再加入雞絞肉翻炒。

3 加入蠔油及白胡椒粉調味，再加入熟紅藜、蔥與作法 1 的番茄丁。

4 將作法 3 塞入作法 1 的空心番茄中，擺上切片起士片。

5 入烤箱烤 10 ～ 15 分鐘，最後撒上少許巴西里即可。

Cooking Tips

牛番茄的功效

牛番茄含有維生素A、B、C、β胡蘿蔔素和豐富的茄紅素，可以提升免疫力、降低癌症，以及心血管疾病的罹患率，還可以排除毒素、促進新陳代謝及抗氧化作用。

切洋蔥不流淚的方法

切洋蔥如果想要不流淚，料理前可以先將洋蔥剝半後，放入冷水浸泡10分鐘（或是熱水5分鐘），水會破壞洋蔥的酵素，並減少刺激性物質的揮發。

多蔬果雞肉沙拉

材料

雞胸肉
（雞腿肉）100 克
小番茄 3～5 個
小黃瓜半條
苜蓿芽 20 克
玉米筍 3～4 條
紫色萵苣 3～4 片
鹽少許
胡椒粉少許
低筋麵粉少許

醬料

蜂蜜芥末醬半碗
橄欖油 1 茶匙
粗粒黑胡椒粉少許
義大利香料少許
白醋 1 滴
熟紅藜 1 大匙

作法

1 將雞肉水煮或蒸熟，所有醬料材料混合均勻備用。
2 將雞肉兩面撒上低筋麵粉下鍋煎至金黃，再撒上少許鹽及胡椒粉。
3 將小黃瓜切片、小番茄切角，苜蓿芽、玉米筍與紫色萵苣洗淨後做底。
4 將作法 2 擺放到作法 3 上，淋上作法 1 的醬料即完成。

Cooking Tips
自製生菜沙拉注意事項

1 依自己食用的量少許切食，千萬不要一次切洗大量食材後儲放冰箱，吃不完隔天再食用，這樣除了營養成分會流失，也可能孳生細菌。
2 因為冰箱冷藏時會使蔬菜失去一些水分，所以使用前可以先泡冰水恢復水分，口感會比較清脆。
3 清洗蔬菜時可以使用瀝水籃將多餘水分瀝乾，可防止水分稀釋掉淋醬的味道。
4 如果醬料裡有醋，其酸性會腐蝕金屬器皿，釋放的化學物質也會破壞沙拉原味，所以不要使用鋁或法瑯材質的器具，最好使用玻璃陶瓷盛裝。

紅藜旗魚地瓜五穀飯

材料

五穀米 50 克
熟紅藜 50 克
地瓜 100 克
旗魚丁 100 克
蒜末少許
薑少許
鹽少許
白胡椒粉少許
米酒 1 大匙
香菜少許

作法

1 將五穀米泡水 6 小時以上，地瓜削皮切丁備用。
2 將作法 1 與熟紅藜一起入鍋燜煮。
3 另起油鍋爆香蒜末與薑，加入旗魚丁炒至變白，再加入鹽、白胡椒粉與米酒調味。
4 將作法 2 與作法 3 一起拌勻，最後撒上香菜即可享用。

Cooking Tips
食用五穀雜糧須知

包含米、麥、穀類、豆類、堅果等，內含蛋白質、膳食纖維、礦物質，可幫助消化、促進腸胃蠕動、降低膽固醇、預防血管疾病等功效；消化系統差及容易胃脹的人不宜攝取太多。建議剛開始混合白米一起吃，再循序漸進酌量增加。

芝麻牛蒡紅白絲

材料

牛蒡 1 根
紅蘿蔔半條
黑白芝麻 1 大匙

調味料

香油少許
柴魚粉 1 小匙
味醂少許
熟紅藜 1 大匙

作法

1 將牛蒡與紅蘿蔔去皮後切絲,氽燙至熟後撈起。
2 將所有調味料材料混合均勻備用。
3 將作法 2 淋在作法 1 上,再撒上黑白芝麻即完成。

Cooking Tips
食用牛蒡須知

牛蒡含膳食纖維,能促進腸胃蠕動、排便順暢,
內含的多酚類物質能提升肝臟代謝功能及解毒、降
血糖血脂。但牛蒡屬性寒,食用過多可能會導致腹
瀉,不宜攝取過多。

如果用油炸或熬煮方式料理,會破壞牛蒡的纖維,
所以不建議油炸或反覆熬煮,氽燙是比較健康的料
理方式。

地瓜葉佐堅果

材料

地瓜葉
（菠菜、芥菜與
萵苣）1 把

調味料

柴魚醬油 1 大匙
香油少許
堅果少許
芝麻醬 2 大匙
熟紅藜 1 大匙

作法

1 將地瓜葉洗淨切段後汆燙。
2 將所有調味料材料混合均勻。
3 將作法 2 淋在作法 1 上即完成。

> **Cooking Tips**
> **菠菜、芥菜與萵苣的功效**
> 地瓜葉富含維生素A，可以提升免疫力以及保護視
> 力，此道料理也可以替換以下營養的蔬菜。
> 1 菠菜：含有大量β胡蘿蔔素和鐵，可以防止大腦老
> 化及老年癡呆。
> 2 芥菜：含有維生素A、B、C與抗壞血酸，可以提
> 神醒腦，也能消除疲勞。
> 3 萵苣：含有煙酸、鋅、鐵，可改善代謝功能，以
> 及防治缺鐵性貧血。

紅藜清涼水果茶

材料

紅藜茶包 1 包
90 度熱開水
200 ～ 250 毫升
蘋果半顆
冰塊少許

作法

1. 將蘋果切塊，留部分切片備用。
2. 將紅藜茶包用熱開水沖泡成紅藜茶。
3. 將茶靜置放涼後加入冰塊及切好作法 1 的蘋果塊。
4. 杯緣擺上作法 1 的蘋果片，即可飲用。

Cooking Tips

重風味水果茶作法

如果想要喝較有味道的水果茶，可以將部分水果打成汁後，放入鍋中加熱，待滾後把剩下的水果切丁放入，一起煮至水果風味出現即可。再加入泡好的紅藜茶，即可享用。

蘋果的營養

蘋果含有豐富單寧酸及膳食纖維等物質，可以降低血中膽固醇及血糖，還可軟便及通便；加熱後的蘋果有止瀉的作用。

日式豆腐佐地瓜蘿蔔泥

材料

棉豆腐 1 塊
太白粉少許
地瓜泥 5 茶匙
蘿蔔泥少許
蔥段（裝飾用）
柴魚少許

調味料

醬油 1 大匙
味醂 1 大匙
糖 1 小匙
米酒 1 茶匙
水 100 毫升
熟紅藜 1 大匙

作法

1 將棉豆腐切塊後均勻裹上太白粉，下鍋煎至金黃。
2 將調味料的所有材料混合均勻備用。
3 將作法 1 的豆腐中間挖空，放入地瓜泥，最後再以蘿蔔泥點綴。
4 將豆腐綁上蔥段，作法 2 從旁淋上，最後撒上柴魚即可。

| *Cooking Tips*
| **蘿蔔泥做法**
1 將蘿蔔用磨菜器具磨碎，或是用果汁機打成泥。
2 將磨好的蘿蔔泥倒入濾網。
3 用手擠出多餘水分（水分會使蘿蔔泥軟爛，影響口感）。
| **地瓜挑選方法**
1 表面不要有蟲蛀或凹洞，會影響內部品質。
2 鬚根（發芽）不宜多，越多表示越接近發芽階段，比較不新鮮。
3 凹陷處越淺甜度越高，凹陷處越深則味道香氣佳。

彩椒佐鮪魚醬

材料

紅椒 1 個
黃椒 1 個
三色豆少許
雞蛋 2 顆
鹽少許

調味料

鮪魚 2 大匙
美乃滋 2 大匙
黑胡椒粗粒少許
熟紅藜 1 大匙

作法

1 將所有調味料混合均勻備用。

2 將紅黃椒洗淨後，剖半挖空備用。

3 將雞蛋打散，加入鹽與三色豆拌勻。

4 將作法 3 倒入作法 2 中蒸熟、煎熟或烤熟（撒上乳酪絲進烤箱 10 ～ 15 分鐘即成焗烤）。

5 最後淋上作法 1 即完成。

Cooking Tips
甜椒的功效

不辣的辣椒稱甜椒，顏色有綠、黃、紅、紫、象牙色，含β胡蘿蔔素及維生素C，具有抗氧化和抑制癌症功能等（紅色甜椒含量較高）。

金沙脆山藥

材料

山藥 1 根
白醋 1 茶匙
低筋麵粉少許
雞蛋 1 顆
鹹鴨蛋黃 2 顆
熟紅藜 1 大匙

作法

1 將山藥去皮切條，浸泡在水中去黏液。
2 水加白醋煮滾後，汆燙山藥，1 分鐘後撈出。
3 將山藥沾麵粉與蛋汁後，下油鍋炸至變成金黃色。
4 另起一鍋，加入鹹鴨蛋黃與熟紅藜，翻炒至沙狀。
5 若取作法 3 沾作法 4 享用即可。

Cooking Tips

山藥的功效及禁忌

山藥具有抗氧化、降血脂、降血壓及調節女性荷爾
蒙等益處；但若是與胡蘿蔔、黃瓜或南瓜同時食
用，這些食材中內含的維生素C分解酶，則會破壞山
藥的維生素C，所以盡量避免一起食用。

藥膳雞湯

材料

雞腿肉 50 克
生薑片少許
中藥包 1 包
紅藜茶包 1 包
枸杞少許
鹽少許
白胡椒少許

醃料

白胡椒粉少許
醬油膏 1 大匙

作法

1 將雞腿肉用醃料醃製 2～3 小時，以滾水汆燙至 8 分熟後撈起。

2 將紅藜茶包沖泡成紅藜茶備用。

3 另起一鍋，將作法 1 放入鍋中，倒入作法 2，需淹過雞腿肉，再放入生薑片與中藥包。

4 燉煮至雞腿軟嫩後，加入少許鹽、白胡椒與枸杞，熄火燜 10 分鐘，即完成。

Cooking Tips
燉雞小訣竅

1 剛宰殺的雞肉細菌繁殖多，可能釋放多種毒素，所以活雞應先冷凍，再將雞肉取出，解凍後燉煮。

2 燉雞之前先汆燙去血水和腥味，可以使煮出的湯更香且不混濁。

3 燉湯宜在冷水時放入原料，可以讓食材充分釋放營養與香味。

4 燉湯應先用大火煮開約8～10分鐘，之後再轉小火燜煮。

5 湯燉好後再放鹽，可以避免鹽煮久了與肉類發生化學反應，使蛋白質凝固，肉不易煮軟。

6 燉湯的器皿建議選用窄口高身，可使湯頭味道較濃郁。

百合蓮子排骨湯

材料

排骨 50 克
蓮子少許
百合少許
紅藜少許
熟紅藜少許
枸杞少許
甘草 1 片
紅藜茶包 1 包
鹽少許
胡椒少許

作法

1 排骨先以滾水汆燙，去血水及腥味後撈起。
2 將紅藜茶包沖泡成紅藜茶備用。
3 另起一鍋，將作法 1 放入鍋中，倒入作法 2，需淹過排骨，再放入蓮子、百合、紅棗、甘草及熟紅藜。
4 待水煮滾後，蓋鍋蓋轉至小火滾煮 1 小時。
5 加入枸杞、鹽與胡椒後，熄火燜 20 分鐘即完成。

| *Cooking Tips*
| **蓮子、百合及甘草的功效**

蓮子有養心安神、健腦、預防老年癡呆，以及抗癌降血壓的功效；百合有潤肺止咳、防癌（抗癌）、養顏美容的作用；甘草有抗炎抗過敏、保肝、保護腸胃及鎮咳去痰的效果。

紅藜四神湯

材料

豬小腸 1 付
四神藥包 1 包
紅藜茶包 1 包
米酒少許
鹽少許

作法

1. 將豬小腸洗淨用熱水汆燙後切段備用。
2. 將紅藜茶包沖泡成紅藜茶備用。
3. 另起一鍋將作法 1、四神藥包及米酒放入鍋中，倒入作法 2，淹過食材即可。
4. 外鍋加約 1 杯水，放入電鍋蒸煮，電鍋跳起後，再放 1 杯水再蒸煮一次。
5. 燜煮完成後，加入少許鹽即完成。

Cooking Tips

不喜歡藥味怎麼辦？

四神藥包內容物有茯苓、芡實、蓮子、山藥，不喜歡藥味太重的人，可以將茯苓替換成薏仁。

豬小腸的功效

四神湯具有健脾、養顏、清利尿等作用。豬小腸含有蛋白質、維生素及鈣等，可以調理腸胃、治療便祕、消除水腫，但其膽固醇含量較高，所以血脂偏高、高膽固醇者不宜食用。另外，豬小腸可以加醋清洗，否則食用時會有苦味。

當歸鱸魚湯

材料

鱸魚 2 ～ 3 塊
當歸 1 片
乾香菇 1 朵
紅棗 2 個
大蒜 1 個
枸杞少許
老薑片 2 片
紅藜茶包 1 包

調味料

米酒少許
鹽少許
白胡椒粉少許

作法

1. 將紅藜茶包沖泡成紅藜茶備用。
2. 將除了魚及調味料的材料，放入作法 1 中煮滾。
3. 待水滾後，加入切塊鱸魚煮至魚肉變白轉小火。
4. 放米酒及白胡椒粉，煮至筷子可插入魚肉後熄火，加入鹽調味即完成。

Cooking Tips

鱸魚的功效

鱸魚含有維生素A、B、D，維生素A可以預防感冒及抗癌；維生素B有助於增加抵抗力；維生素D可以強化牙齒及骨骼，還可以改善胎動不安的狀況，對手術後傷口癒合也有幫助。

當歸的功效

當歸有補血活血、調經止痛及潤腸通便的功效。當歸受潮濕後易發霉、變色或生蟲，所以最好將當歸密封，放在乾燥陰涼處保存。

枸杞的功效

枸杞具有抗脂肪肝作用，能夠補血、延緩老化、安神養胎、調節免疫系統，以及抗疲勞。

紅棗木耳湯

材料

紅棗 8 個
白木耳 1 朵
枸杞少許
冰糖少許
熟紅藜 1 大匙

作法

1. 將白木耳洗淨後用水泡軟,再用剪刀剪成小片狀放入鍋中。

2. 將熟紅藜及紅棗放入鍋中後加水,水的高度蓋過食材,放入電鍋燉煮至湯汁濃稠。

3. 再加入冰糖及枸杞,用餘溫燜一下即可。

Cooking Tips

紅棗的功效及禁忌

紅棗具有補血養氣、養顏美容、增加血液中紅血球含量的功效。但是棗皮纖維含量高不易消化,容易胃脹氣;含糖量高,吃多加重脾胃負擔、易齲齒;紅棗中的維生素可使維生素K分解破壞、也會影響蛋白質吸收,不宜與動物內臟同食;女性經期易水腫體質、體質燥熱者不宜食用或進補,易導致經血過多。

白木耳的功效及禁忌

白木耳可以提高肝臟解毒能力,並且富含維生素D,能防止鈣流失,還含有天然植物性膠質,可以潤膚,達到養顏美容的功效。若是白木耳變質呈現灰黃色,不可食用,以免中毒。

桂圓紫米粥

材料

紫糯米半米杯
桂圓少許
砂糖少許
熟紅藜 1 大匙

作法

1 將紫糯米洗淨，浸泡 1 小時後將水倒掉瀝乾。

2 將作法 1 與桂圓放入鍋內，電鍋內鍋 2 ～ 3 杯水、外鍋 1 杯水，蒸煮至熟透。

3 趁熱加入少許砂糖，再加入熟紅藜拌勻即可。

Cooking Tips

紫糯米的功效

紫米內含維生素B1、B2及葉酸等多種營養物質及礦物元素，具有補血健脾、促進腸胃消化以及降血壓的功效。

桂圓的功效及禁忌

桂圓即是龍眼，有補血安神、健腦益智、補養心脾功效，對於病後須調養及體質虛弱的人有輔助療效；但桂圓性溫熱，陰虛內熱者及孕婦不宜食用。

秋葵開胃碟

材料

秋葵 200 克
鹹鴨蛋黃白 1 顆

醬料

蒜末少許
日式和風醬油 1 大匙
沙拉醬半碗
味醂 1 茶匙
醬油膏 1 小匙
熟紅藜 1 大匙

作法

1. 將醬料的所有材料混合均勻備用。
2. 將秋葵洗淨後切除蒂頭。
3. 將秋葵用熱水汆燙 1 ～ 2 分鐘，撈起瀝乾後放冰箱冷藏。
4. 將鹹鴨蛋黃白切小塊，撒在作法 3 上。
5. 食用時淋上作法 1 即可享用。

Cooking Tips

如何挑選秋葵

1 秋葵太大的口感比較老，籽硬口感較澀、營養價值不高，因此建議挑個頭小的秋葵比較嫩

2 有細絨毛表示沒受擠壓

3 顏色嫩黃或自然鮮綠色、表面平而無皺、捏起來有點韌度、聞起來有股自然清香的，就是新鮮秋葵。

秋葵的功效與禁忌

雖然秋葵有諸多好處，但因為屬於寒性食物，食用過多或是脾胃虛寒的人，容易引起腸胃不適，所以也不宜與其他寒性食物一起食用。秋葵的功效有以下9點。

1 促進腸胃蠕動	*2* 護肝作用	*3* 提高耐缺氧能力
4 排毒防癌	*5* 降血脂	*6* 補鈣
7 消除疲勞	*8* 抗氧化	*9* 補腎

秋葵的料理方式

1 秋葵表面有一層毛，可以食用。
2 若不喜食用秋葵表面的毛，可以用食鹽將絨毛搓洗掉，再用清水多洗幾次，即可去除表面絨毛和汙漬。
3 不建議用鐵鍋烹煮秋葵，以防變色。
4 汆燙時間在3分鐘內，可以保持營養成分及口感。

親子料理

Kids-friendly Cuisine

紅藜冰棒

材料

蘋果半顆
奇異果 1 顆
草莓 5 顆
葡萄 5 顆
紅藜茶包 1 包
砂糖少許

作法

1 將蘋果與奇異果洗淨後切塊備用。

2 將草莓與葡萄洗淨後去蒂頭備用。

3 將紅藜茶包沖泡成紅藜茶，可視喜好酌量加糖，將茶放冷卻備用。

4 將作法 1、2、3 一起放入冰棒盒內，冷凍即完成。

Cooking Tips

適合夏天食用的水果

西瓜：夏天水分流失多，有清熱解暑的作用。

葡萄：抗氧化、助消化。

桃子：含豐富鐵質。

香蕉：遠離憂鬱及心血管疾病。

紅藜綠豆湯

材料

綠豆 1 杯
水 10 杯
砂糖 4 大匙
熟紅藜 1 大匙

作法

1. 將綠豆洗淨，泡水 2 小時後將水倒掉。
2. 將作法 1、熟紅藜與水，倒入鍋中，外鍋加入 1.5 杯水用電鍋蒸煮。
3. 電鍋跳起後燜半小時，倒入砂糖拌勻即可（也可加牛奶）。

Cooking Tips

煮綠豆湯小訣竅

1. 砂糖要在綠豆湯燜完後再拌入，會使綠豆較鬆軟。
2. 挑選綠豆要注意有無霉爛、蟲口、顏色應呈現鮮綠色（老的綠豆顏色發黃）、是否有刺激的化學味、大小勻稱無雜質，以及沒有潮溼感。
3. 綠豆易生蟲，保存時建議放進冰箱冷藏較好。

魩仔魚粥

材料

白飯 1 碗
熟紅藜 1 大匙
洋蔥少許
蒜頭 2 顆
蔥 1 根
鹽少許
雞蛋 1 顆
魩仔魚少許
香油少許
高湯或水適量

作法

1 將洋蔥及蒜頭洗淨後，洋蔥切丁，蒜頭切碎後備用。

2 起鍋用香油爆香作法 1，再加入魩仔魚翻炒（炒一下即可，避免過焦）。

3 加入白飯、熟紅藜、雞蛋及高湯（高過食材 2 公分）一起熬煮。

4 待飯粒軟爛後，加入鹽調味，再撒上蔥花即可。

Cooking Tips
魩仔魚的營養與選購

魩仔魚鈣含量豐富，適合牙口不好的老人及小孩。挑選魩仔魚時，應避免購買顏色過白的魚，因為其中可能添加漂白劑來增加賣相。

香蕉巧克力蛋糕

材料

黑巧克力 25 克
無鹽奶油 15 克
白糖 15 克
牛奶 20 毫升
香蕉半根
香蕉片半根
雞蛋 1 顆
熟紅藜 1 茶匙
OREO 少許
糖粉少許

作法

1 取一鍋，將黑巧克力與無鹽奶油隔水加熱至融化。

2 加入白糖、牛奶、熟紅藜、香蕉與蛋攪拌均勻。

3 將烤模抹上薄薄一層奶油，再撒上糖粉。

4 將作法 2 倒入模中，入烤箱烤 30 分鐘後出爐。

5 最後撒上 OREO 屑及糖粉，放上香蕉片即完成。

Cooking Tips

烘焙蛋糕小訣竅

1 將麵糊倒入模中時，千萬不要裝到滿，否則烘烤過程中，很容易因為膨脹溢出來。

2 烤蛋糕過程中，勿打開烤箱，容易造成烤箱溫度波動，會導致烤好的蛋糕塌陷。

如何挑選香蕉

1 香蕉呈現綠及綠黃交接的顏色，代表還未成熟，可能是生的。

2 表面光滑且斑點較少，代表香蕉較新鮮。

3 不要挑太大串的香蕉，味道可能會較淡；也不要挑太硬的香蕉，可能會過澀。

蟹黃豆腐

材料

蛋豆腐 1 盒
洋蔥 1／5 顆
紅蘿蔔 1／4 根
蔥花 1 根
蟹腿肉 1 盒
熟紅藜 1 大匙
鹽少許
雞粉 1 茶匙
有鹽奶油 1 塊
紹興酒 1 大匙
太白粉 1 茶匙
水 1／2 杯

作法

1 將紅蘿蔔切丁後，和蟹腿肉一起汆燙備用。

2 起一鍋放入奶油爆香後，加入切丁洋蔥與作法 1 一起翻炒。

3 倒入紹興酒與水一起燜煮。

4 待湯汁煮滾後，放入蛋豆腐與熟紅藜。

5 加入鹽與雞粉調味，最後用太白粉勾薄芡再撒上蔥花即完成。

Cooking Tips

豆腐建議食用方法

此道料理含有豆腐，應盡量避免與含草酸類的葉菜或碳酸飲料同食，會影響鈣質吸收；而豆腐的成分中，因缺乏必需胺基酸，所以和肉類或蛋類一起烹調，可以增加營養價值。

豆腐在料理前可以先打開包裝將水瀝乾，浸泡在水中可消除腥臭味；也可在烹調前清蒸或汆燙除去豆腥味。

檸檬茶凍

材料

開水 100 毫升
綠茶果凍粉 30 克
細砂糖 5 克
紅藜茶包 1 包
檸檬片 2 片
蜂蜜少許

作法

1. 將紅藜茶包沖泡成紅藜茶後,放涼備用。
2. 將綠茶果凍粉倒入作法 1 中,並攪拌拌勻。
3. 作法 2 取 120 毫升,加入細砂糖,以小火加熱。
4. 將剩下的作法 2 慢慢加入,一邊加一邊攪拌,溫度至 90 度時關火(不能煮滾)。
5. 將作法 4 倒入模型容器中放涼,再冰入冰箱。
6. 食用時放上檸檬片或淋上蜂蜜即可。

| *Cooking Tips*
如何挑選及保存檸檬

1. 果皮光滑油亮較新鮮多汁;果皮過厚、粗糙或是缺乏光澤可能是存放過久。
2. 檸檬深綠色表示較生;綠中帶黃表示熟成(蒂頭綠色也代表新鮮);黃色纖維老,不新鮮。
3. 新鮮檸檬握起來有彈性;不新鮮的檸檬握起來乾扁偏硬。
4. 挑選時可以用手掂掂看重量,較重的檸檬代表多汁飽滿。
5. 檸檬放太久果肉會老化,盡早使用較好。

甜橙起士燒

材料

起士片 6 ～ 8 片
有鹽奶油 6 ～ 8 塊
餛飩皮 6 ～ 8 張
煮熟紅藜少許
無鹽奶油少許
奶粉少許
柳橙汁少許

醬料

美乃滋 1 條
奶粉 20 克
柳橙汁 2 大匙

作法

1. 取 1 張餛飩皮，依序放上起士片、有鹽奶油與熟紅藜，捏緊後收口包起來，剩下 5 ～ 7 顆也照做。
2. 將醬料的所有材料混合均勻備用。
3. 在作法 1 外皮抹上作法 2，再另外撒上奶粉。
4. 在烤盤底部抹上薄薄一層奶油防止沾黏，進烤箱烤 10 分鐘左右。
5. 出爐後，再撒上奶粉和擠少許柳橙汁在上面，即可享用。

Cooking Tips
甜橙挑選方法

甜橙果皮光滑橙黃，皮薄則多汁香濃；反之果皮粗糙不柔軟，就是被擠壓導致變質，橙汁會比較少。

草莓奶酪

材料

鮮奶 80 毫升
紅藜茶包 1 包
細砂糖 5 克
奶粉 5 克
草莓果凍粉 20 克
開水 100 毫升

作法

1. 將紅藜茶包沖泡成紅藜茶後,放涼備用。
2. 將果凍粉倒入作法 1 中,攪拌拌勻。
3. 作法 2 取 40 毫升,加入細砂糖以小火加熱,再加入鮮奶與奶粉。
4. 將剩下的作法 2 慢慢加入作法 3 中,一邊加一邊攪拌,溫度至 90 度時關火(不能煮滾)。
5. 將作法 4 倒入模型容器中放涼,再冰入冰箱冷藏即完成。

Cooking Tips
奶酪製作小訣竅

1. 作法5將汁液倒入模具時,記得慢慢倒入,才不會產生氣泡。
2. 製作時可以依喜好在容器底層,添加果醬、水果丁或紅豆等食材,增加口感變化。

紅藜鮮奶茶

材料

紅藜茶（熱）1 壺
鮮奶 1 瓶

作法

1 將鮮奶倒入杯中。
2 將紅藜茶以 1：1 的比例倒入攪拌均勻即可。

Cooking Tips

茶與鮮奶的順序影響鮮奶茶口感

如果先倒茶再倒牛奶，會讓牛奶油脂浮在茶面上，所以建議先倒牛奶再倒茶，口感會比較香醇順口。

如何讓鮮奶茶更美味

1 首先先溫杯。在茶杯裡倒95～100度沸水，約5秒後將水倒出，用途除了清潔杯具，更可以提高杯子溫度，讓茶香風味更持久。

2 選用全脂牛奶（本身有甜度），將牛奶放入鍋中隔水加熱1分鐘，溫度約60度時再將溫牛奶杯倒入杯中（不建議高溫烹煮牛奶，會破壞品質、易殘留太多油脂）。

3 最後將茶倒入已加溫的牛奶杯中即可完成。

紅藜咖哩飯

材料

咖哩塊 3～4 塊
紅藜茶包 1 包
玉米筍 2 支
花椰菜少許
小熱狗 1 條
蘋果丁少許
白飯 1 碗
洋蔥少許
蒜末少許
無鹽奶油 1 塊

作法

1. 將玉米筍、花椰菜與小熱狗先汆燙備用。
2. 將紅藜茶包沖泡成紅藜茶備用。
3. 起一鍋將無鹽奶油加熱,爆香洋蔥與蒜末,加入作法 1 拌炒。
4. 再加入咖哩塊與作法 2(淹過食材 1 公分),調至喜歡的濃稠度至滾。
5. 最後加入蘋果丁拌勻。
6. 搭配白飯享用即可。

Cooking Tips
增加咖哩甜味的方法
如果想要煮出甜味咖哩,可以將玉米筍、花椰菜與小熱狗換成水果丁,例如蘋果、芒果、奇異果或香蕉都很適合。

法式吐司

材料

雞蛋 1 顆
牛奶 50 毫升
砂糖 2 小匙
熟紅藜 1 大匙
吐司 2 片
無鹽奶油 1 塊
細糖粉少許
橄欖油少許

作法

1　將雞蛋、牛奶、砂糖、熟紅藜放入保鮮盒中攪拌均勻。
2　將吐司放入作法 1 中，蓋上蓋子浸泡半小時；取出保鮮盒，將吐司翻面再浸泡半小時。
3　將吐司取出後擠掉多餘蛋汁。
4　起一鍋，倒入橄欖油，再放入奶油塊加熱，放入吐司煎至兩面金黃。
5　起鍋後撒上細糖粉即完成（可以加水果、蜂蜜或鹹奶油一起食用）。

| Cooking Tips

吐司不焦黑小訣竅

如果單只使用奶油煎法式吐司，表面易焦黑。因此建議以奶油加橄欖油方式（不減奶油香氣），就能完美煎出金黃色澤的法式吐司。

紅藜葉蝦水餃

材料

豬腿絞肉半斤
白蝦半盒
紅藜葉 200 克
(高麗菜 1／3 顆)
熟紅藜 1 大匙
水餃皮 1 斤
鹽 4 ～ 5 匙

調味料

薑少許
蒜少許
醬油 1 茶匙
香油 1 茶匙
味醂 1 茶匙
米酒 1 茶匙
白胡椒粉少許

作法

1. 將紅藜葉切碎(高麗菜切絲),加入 4 ～ 5 匙鹽後靜置待出水,用水沖洗乾淨。
2. 將作法 1、豬腿絞肉、白蝦、熟紅藜與所有調味料攪拌均勻。
3. 將作法 2 包入水餃皮中,樣式隨意。
4. 起水鍋,待水滾後把餃子放進去煮 8 ～ 10 分鐘即完成。

起酥包香腸

材料

香腸 4 條
起酥片 2 片
熟紅藜 1 大匙
乳酪絲少許
玉米粒少許
起士粉少許
雞蛋 1 顆

作法

1 將起酥片從冰箱取出退冰放軟後切成等邊三角形，包起來會更勻稱。再用桿麵棍桿平。

2 把熟紅藜均勻壓在皮上。

3 將香腸用水煮至 8 分熟。

4 將起酥片上放上香腸、玉米粒和乳酪絲後捲起，表面刷蛋液。

5 進烤箱烤 15 ～ 20 分鐘後出爐，撒上起士粉即可。

Cooking Tips
果醬起酥作法

如果想吃甜口味，可以將吐司切半成長條形，塗上奶油、奶酥醬或巧克力醬，再放在起酥片上捲起入烤箱，即完成果醬起酥吐司。

蛤蜊巧達濃湯

材料

培根 1 片
馬鈴薯 1／4 個
洋蔥 1／4 個
無鹽奶油 1 大塊
紅蘿蔔 1／5 根
牛奶 2 杯
麵粉 1 大匙
熟紅藜 1 大匙
蛤蜊 1 盒

調味料

鹽少許
胡椒少許
巴西里少許

作法

1 將蛤蜊吐沙清洗後，汆燙至打開，並將汆燙的水留下備用。

2 將培根切段、馬鈴薯、紅蘿蔔切小丁，煮7～8分鐘。

3 起一鍋加熱奶油，將切丁洋蔥爆香，再把麵粉加入拌炒。

4 倒入牛奶煮至滾後，放入作法 2 的剩餘材料，再加入熟紅藜。

5 加入蛤蜊與汆燙的水，再加入所有調味料即完成。

| *Cooking Tips*
蛤蜊吐沙方法

方法1：泡鹽水1～3小時，若過程中水質太混濁，可再換新的鹽水浸泡。

方法2：泡50度的熱水約10～15分鐘，要注意溫度不可過高，反而會導致蛤蜊煮熟無法充分去沙。

宴客料理

Banquet Cuisine

鹽酥牛小排

材料	醃料
帶骨牛小排 1 盒	蘇打粉 1 ／ 2 茶匙
辣椒 1 根	嫩精 1 ／ 3 茶匙
蔥末 1 根	蛋 1 ／ 4 個
蒜末 4 顆	洋蔥少許
低筋麵粉少許	香菜少許
雞粉 1 ／ 2 小茶匙	蒜末少許
香油 1 大匙	黑胡椒粗粒少許
鹽少許	巴西里少許
胡椒粉少許	
米酒 1 大匙	
熟紅藜 1 大匙	

作法

1 將帶骨牛小排用醃料醃製 1 天後，用清水沖洗瀝乾，裹上薄薄的低筋麵粉。

2 起一鍋倒入沙拉油加熱至高溫，放入作法 1 炸 7 分鐘後撈起，再下鍋炸 1 分鐘撈起（炸兩次是為了讓口感更酥脆）。

3 另起一鍋加入香油，爆香蔥末、蒜末與辣椒。

4 加入作法 2、米酒與熟紅藜一起翻炒。

5 最後加入鹽、胡椒粉與雞粉調味即完成。

Cooking Tips

▍帶骨牛小排挑選方法

挑選帶骨牛小排時，建議勿買骨頭太大的，不然煎完後的牛小排就吃不到肉；外表挑選肥瘦相間帶雪花的最佳。油花多、雪白，肉質滋潤細緻，切勿挑色如棗紅的；選骨頭細小一些的，牛的年齡較小。

▍嫩精做法

材料：鹽、乳糖、木瓜酵素、鳳梨酵素
用途：因酵素嫩化效果強，對於較硬的牛（羊）小排、牛腱等效果尤佳；使用時依照肉片大小厚薄予以酌量添加，醃製後若未立即烹調，就要冷凍使酵素停止作用，避免肉質變得過軟。

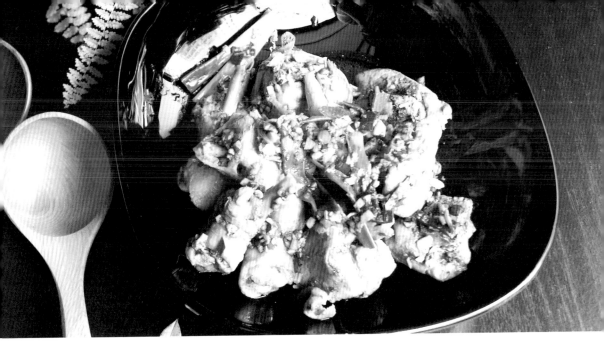

口水雞

材料

肉雞 1 盒
醬油少許

醃料

蔥段 1 根
蒜末 2 顆
香油 1 大匙
白胡椒粉少許
米酒 1 大匙

醬料

香菜 30 克
辣椒 1 ～ 2 根
蒜末 2 顆
醬油 2.5 大匙
冷開水 2.5 大匙
味醂 1 小匙
烏醋 1 大匙
檸檬汁 2 大匙
辣油 1 ～ 2 大匙
香油 1 大匙
熟紅藜 1 大匙

作法

1 將肉雞在表面用叉子插洞，用醃料醃製 1 天。
2 將作法 1 淋上醬油後，放入電鍋蒸煮 8 分鐘。
3 電鍋跳起後，翻動材料再續蒸煮 3 分鐘，
   使食材更入味。
4 夾出雞肉另外盛盤。
5 將醬料的所有材料混合均勻，淋在作法 4
   上即可。

Cooking Tips

肉雞挑選方法

1 合格禽肉包裝上會貼上「屠宰衛生合格」
   標誌。
2 進口雞肉皆需冷凍後再解凍，因此價格
   低廉；國產雞肉則會在屠宰後 1 ～ 2 天內出
   貨，但是價格較高，也較新鮮，口感好。
3 超市的解凍肉或冷藏肉都不能在室溫擺
   太久，注意包裝不可有太多血水，易孳生
   細菌，傳統市場可以詢問店家後，再用手
   摸肉質彈性，以及聞是否有異味。

泰式檸檬魚

材料

鱸魚 1 尾
洋蔥絲少許
檸檬 1 顆
檸檬汁 2 大匙
巴西里少許

醃料

鹽少許
白胡椒粉少許
巴西里少許
白醋 1 茶匙
洋蔥絲少許

調味料

魚露 2 大匙
砂糖（味醂）1 大匙
白醋 1 小匙
檸檬胡椒鹽少許
蔥 1 根
蒜 6 個
辣椒 1 根
香菜 2 支
熟紅藜 1 大匙

作法

1 將鱸魚洗淨後背上劃三刀備用。
2 將作法 1 用醃料醃製一天。
3 將洋蔥絲放入作法 2 背上三刀切口中。
4 將所有調味料混合均勻後，淋在作法 3 上入鍋蒸熟。
5 蒸熟後再放上切片檸檬及巴西里裝飾，最後淋上檸檬汁即完成。

Cooking Tips
鱸魚挑選方法

1 新鮮魚鰓呈現粉紅色或鮮紅色；不新鮮魚鰓是暗紅或灰褐，且有黏液。
2 新鮮魚鱗完整且有光澤度；不新鮮則呈褪色狀，且魚鱗脫落。
3 新鮮眼睛飽滿圓潤；不新鮮眼睛凹陷、有紅絲。
4 新鮮肉質有彈性、聞起來帶點海藻味；不新鮮有腥臭味。

水煮牛

材料

牛肉片 1 盒

白菜（豆芽菜或金針菇）1 把

乾辣椒少許

花椒少許

熟紅藜 1 大匙

辣油 1 碗

辣椒末 1 根

蒜末 2 顆

蔥段 1 根

鹽少許

醃料

米酒 1 大匙

蛋白 1 顆

白胡椒粉少許

辣椒粉少許

花椒粉少許

澱粉少許

調味料

辣豆瓣醬 2 大匙

醬油 1 小匙

作法

1 將牛肉片用醃料醃製 30 分鐘。

2 起油鍋爆炒乾辣椒和花椒至有香味，盛出備用。

3 取 1 匙辣油爆香蔥段、蒜末與辣椒末，加入白菜與熟紅藜繼續翻炒。

4 加入所有調味料調味，再倒入剩下的辣油。

5 加入作法 1 煮至變白後，加少許鹽與作法 2 即可。

Cooking Tips

乾辣椒與生辣椒保存方法

乾辣椒是乾燥後製成，顏色暗、香氣濃、辣味低，且因含水量低適合長期保存；生辣椒種類有很多，可以冷凍保存，料理時也不需解凍，期限可至1個月，在一般室溫或冷藏約5～7天。

牛肉片挑選方法

觀察肉質是否光澤透亮，呈現鮮紅而非深紅色；肉質摸起來緊有彈性、帶點回彈觸感、聞起來無腥味則是新鮮的牛肉。

豆豉鮮蚵

材料

鮮蚵 400 克
蒜頭 3～4 顆
辣椒 1 根
蔥 2 根
熟紅藜 1 大匙
豆豉 40 克
水 100 毫升
太白粉少許

調味料

米酒 2 大匙
醬油 2 大匙
蠔油少許
糖少許

作法

1 將鮮蚵洗淨後，起一鍋滾水，將鮮蚵放入，關火待涼撈起備用。
2 將蔥切段，分成青蔥與蔥白。
3 爆香蒜頭、辣椒、豆豉、蔥白，加入水與所有調味料。
4 加入作法 1、熟紅藜與青蔥，待滾後再用太白粉勾薄芡即可。

Cooking Tips
清洗鮮蚵的方法

鮮蚵撒上少許太白粉用手輕輕攪拌，再用小流量清水沖洗蚵仔到沒有黏液即可。
太白粉的作用是保護蚵仔減少摩擦力，避免碰撞時破掉。

佛跳牆

材料

干貝 1 盒
排骨 2／3 盒
香菇 5～6 朵
鳥蛋 8～10 粒
紅棗 3～4 個
芋頭 1 盒
蒜末 5 顆
蔥段 1 段
地瓜粉少許
熟紅藜 1 大匙

醃料

五香粉少許
米酒 1 大匙
醬油膏 1 大匙
白胡椒粉少許

調味料

醬油 2 小匙
冰糖 1 小匙
鹽 1 小匙
白胡椒粉少許
醬油膏 1 茶匙
紅蔥酥 1 大匙
香菇精 1 大匙
味醂 1 小匙
雞粉 1 大匙
米酒 1 大匙
烏醋 2 小匙

作法

1 將干貝、紅棗與香菇分別泡水至軟（香菇水留下備用）。
2 將排骨用醃料醃製一天，沾地瓜粉備用。
3 起油鍋爆香蒜頭、蔥段，放入作法 2、香菇、鳥蛋及芋頭炒香，加少許香菇水與米酒。
4 另起一鍋，倒入香菇水煮至滾，將除了蔥段外的作法 3 放入。
5 加入干貝與熟紅藜，最後加入除了烏醋外的所有調味料。
6 待滾後轉小火，再加入烏醋繼續燜煮 1 ～ 1.5 小時即完成。

Cooking Tips

| 泡發乾香菇的方法
泡發乾香菇前，需仔細清洗泥沙塵土，再使用25～35度的溫水浸泡，既能使乾香菇更易吸水變軟，又能保存鮮味。然而泡發時間不宜過長，泡軟為宜；且不用過熱的水泡發，否則會讓香氣減少。

| 粗細地瓜粉用途大不同
地瓜粉分成細粒與粗粒兩種，一般油炸粉漿使用粗粒地瓜粉，讓炸好的外皮呈現酥脆感；細粒地瓜粉因吸水力較好且易溶解，故常使用於勾芡。

| 干貝挑選方法
1 呈現深啡色、潤澤光亮；劣質干貝色澤較淺。
2 觸感乾爽，曬乾程度會影響泡發程度，越乾就能發得越大。
3 聞起來有鹹中帶甜的海水味道，而非單純的死鹹氣味。

| 真假鵪鶉蛋分辨方法
假鳥蛋：顏色偏白、形體圓潤，因為合成蛋沒有卵黃膜，切開來只有黃白兩色。
真鳥蛋：蛋白呈現灰色、一端扁平，切開來帶有灰褐色。

香煎鮮蝦佐鳳梨莎莎醬

材料

白蝦 8 隻

醃料

白胡椒粉少許
香油少許
鹽巴少許
義大利香料少許

醬料

洋香菜少許
蒜末 1 茶匙
辣椒末 1 茶匙
橄欖油少許
鹽少許
黑胡椒粗粒少許
味醂少許
熟紅藜 1 大匙
鳳梨 8 ～ 10 小塊

作法

1 白蝦留頭尾去殼，排腸泥後洗淨擦乾備用。
2 將作法 1 用醃料醃製 1 ～ 2 小時。
3 將醬料的所有材料拌勻。
4 起油鍋將作法 2 煎至金黃或用電鍋蒸熟。
5 盛盤，將作法 3 直接淋上即可。

Cooking Tips

挑蝦腸泥方式

1 保留蝦頭，沿著蝦背把蝦殼剪開便能清楚看到背部的黑色腸泥，用牙籤即可輕鬆勾出。
2 蝦子背部從脖子算起 2、3 節位置，將牙籤插入勾住腸泥往上拉出。
3 用剪刀在蝦子的尾部剪一小段便能看到腸泥，即可直接拉出來（通常越靠近尾部的腸泥越髒）。

打拋豬佐麵包

材料

麵包 5～6 片
番茄 4 小顆
熟紅藜 1 大匙
豬絞肉 100 克
九層塔 1 把
蒜末 2 顆
辣椒末少許

調味料

魚露 1 大匙
醬油 2 大匙
百里香少許
迷迭香少許
米酒 1 大匙

作法

1. 將麵包進烤箱烤約 5～8 分鐘，取出備用。
2. 起一鍋熱油後爆香蒜末與辣椒末，再加入豬絞肉炒至變白。
3. 加入蕃茄與熟紅藜一起翻炒，再加入所有調味料。
4. 最後加九層塔翻炒幾下，即完成打拋豬肉。
5. 將作法 1 與作法 4 搭配食用即可。

Cooking Tips

炒豬絞肉小訣竅

豬絞肉如果太瘦，容易因翻炒時沒逼出油脂而燒焦，故爆香時油可以稍微多放一點。挑選豬絞肉的最佳比例為肥瘦3：7。

羅漢齋

材料

紅蘿蔔 30 克
馬鈴薯 50 克
綠花椰菜
(小黃瓜) 30 克
香菇 4 大朵
玉米筍 4 根
熟紅藜 1 大匙

調味料

素沙茶醬 1 大匙
素蠔油 1 小匙
糖 1 小匙

作法

1 將香菇泡水膨脹（香菇水留下備用）。
2 將紅蘿蔔與馬鈴薯切丁，綠花椰菜與玉米筍切半，
 全部一起汆燙備用。
3 起油鍋，加入作法 2 翻炒，再加入香菇拌炒。
4 加入所有調味料與熟紅藜繼續翻炒，最後加入作法 1
 的香菇水煮滾即完成。

Cooking Tips
馬鈴薯挑選方法

1 挑選可握於掌中約10公分的大小，太大可能是施
 氮肥過多，易產生空洞。
2 注意馬鈴薯芽眼是否有冒出芽頭，此種勿購買。
3 勿挑選發綠的表皮，避免龍葵素中毒。
4 表皮不能變形、粗糙或突起很大，有可能為瘡痂病。

馬鈴薯保存方法

必須完全隔絕光線，放置在乾燥、空氣流通的環境，
太潮溼及高溫易發芽；食用前清洗乾淨後去皮。

生菜蝦鬆

材料

蝦仁 1 盒
香菇 6 大朵
老油條 1 條
紅蘿蔔 1 ／ 4 支
蔥 1 根
蒜末 2 顆
美生菜
（高麗菜）5 ～ 6 片
鹽少許
白胡椒粉少許
香油少許
熟紅藜 1 大匙

作法

1 將蝦仁挑除腸泥後洗淨，再燙熟切丁備用。

2 將美生菜洗淨後再沖開水，瀝乾備用。

3 將香菇、老油條與紅蘿蔔切丁備用。

4 起鍋爆香蔥與蒜末，加入紅蘿蔔與香菇。

5 加入鹽與白胡椒粉，最後再放入作法 1 及熟紅藜一起拌炒。

6 熄火淋上香油拌勻，再撒上碎油條即完成。

Cooking Tips
新鮮蝦挑選方法

1 不能有腥臭異味。

2 蝦殼與蝦肉間黏著緊密。

3 蝦頭尾完整。

4 有一定的彈性和彎曲度。

5 體表乾燥沒有黏液。

6 顏色鮮亮。

烤雞佐辣椒醬

材料

雞腿 4 隻
麵包粉少許

醃料

醬油 2 大匙
米酒 2 大匙
香蒜粉少許
黑胡椒粉少許
鹽少許
雞蛋 1 顆
樹薯粉 2 大匙

調味料

美乃滋 2 大匙
Tabasco 醬 1 大匙
辣椒末 1 根
熟紅藜 1 大匙

作法

1 將除了樹薯粉的醃料攪拌均勻冷藏一天，醃雞腿前再加入樹薯粉。

2 將雞腿放入作法 1 中醃製一天。

3 將醃製好的雞腿在上部沾上麵包粉，下油鍋炸至表皮金黃。

4 將調味料拌勻後備用。

5 取小部分作法 4，淋至雞腿上，包鋁箔紙進烤箱烤30 分鐘。

6 出爐後再把剩下的作法 4 淋上即可。

Cooking Tips

使用鋁箔紙小訣竅

使用鋁箔紙時，亮面朝內，朝向食物包裹，可以反射熱能回食物本身，食物會熟得較快，提升料理效益。

蟹煲紅藜麵

材料

小螃蟹 2 隻
紅藜麵線 1 球
蔥段 1 根
蒜頭 2 顆
五花肉 50 克
薑 1 片
紅藜茶包 1 包

調味料

花椒粉少許
辣椒粉少許
醬油膏 1 大匙
雞粉 1 茶匙
米酒 1 茶匙
紹興酒 1 大匙

作法

1 將紅藜茶包沖泡成紅藜茶備用。
2 起一水鍋,將紅藜麵線燙熟備用。
3 起油鍋,爆香蒜頭與薑片,加入花椒粉與辣椒粉,再加入五花肉翻炒。
4 放入作法 2 與小螃蟹稍微拌炒。
5 加入作法 1(超過食材 1 公分)。
6 加入剩餘的調味料,蓋上鍋蓋以小火燜煮至湯汁收乾。
7 最後加入蔥段即可。

Cooking Tips

小螃蟹的保存方法

建議購買活蟹,並且冷凍保存讓螃蟹自然死亡,肉質才能保有彈性。小螃蟹可換成沙公或紅蟳,肉質結實飽滿、耐煮且口感清甜。

五彩海皇羹

材料

草蝦仁半盒
鯛魚 1 條
蟹肉 1 盒
菠菜 2 把
雞蛋 2～3 顆
豌豆仁
（三色豆）半碗
紅藜茶包 1 包
高湯（雞粉
2 大匙＋水）1 碗

調味料

鹽少許
白胡椒粉少許
香油少許
太白粉少許

作法

1 將草蝦仁、鯛魚與蟹肉稍微汆燙撈起備用。

2 將雞蛋煮熟成水煮蛋，取出蛋白切碎備用。

3 菠菜洗淨切碎備用。

4 將紅藜茶包沖泡成紅藜茶備用。

5 起一鍋加入高湯與作法 4，再加入鹽與白胡椒調味煮滾。

6 放入作法 2、3，再加入玉米粉煮滾。

7 放入作法 1 與豌豆仁，使用太白粉勾芡後再淋香油。

| **Cooking Tips**

太白粉與玉米粉勾芡的差異

太白粉勾芡的湯汁放涼後會變得比較稀，稱為「還水」；玉米粉勾芡後的湯汁「還水」現象則不明顯。

古早味料理

Traditional Cuisine

紅藜年糕

材料

紅藜茶包 1 包
糯米粉 100 克
二砂糖 55 克
紅糖 5 克

作法

1. 將紅藜茶包沖泡成紅藜茶備用。
2. 作法 1 取 100 毫升,加入二砂糖與紅糖溶解拌勻。
3. 加入糯米粉攪拌均勻。
4. 於鍋外加一杯水,用電鍋蒸熟(可於跳起後掀蓋,用筷子插看有沒熟透,若還沒,再加半杯水蒸至熟透)。
5. 出爐後即可享用。

客家鹹湯圓

材料

湯圓皮

糯米粉 100 克
水 70 克
熟紅藜 1 大匙

內餡

蝦米 10 克
蔥花 50 克
豬絞肉 100 克
熟紅藜 1 大匙

湯頭

香菇 2～3 朵
茼蒿少許
芹菜少許
油蔥酥少許
蝦米少許
豬肉絲少許
砂糖 1 小匙
白胡椒粉少許
醬油 1 小匙
紅藜茶包 1 包

作法

1 將湯圓皮材料中的水與熟紅藜拌勻，分 3 次加入糯米粉，揉至不黏手（若有裂痕可再加少許水），即完成湯圓皮。

2 將內餡食材全部攪拌均勻，包進湯圓皮內，收口後滾圓。

3 起一鍋滾水，放入湯圓煮熟至浮起。

4 將香菇、茼蒿與芹菜洗淨後，香菇與茼蒿切段，芹菜切細末備用。

5 將紅藜茶包沖泡成紅藜茶備用。

6 另起一鍋爆香蝦米、香菇，加入豬肉絲將肉炒至白。

7 再加醬油、油蔥酥及作法 5（蓋過食材），煮滾。

8 最後加湯圓、茼蒿、芹菜、白胡椒粉與砂糖即完成。

Cooking Tips

小湯圓的製作方法

若是將湯圓食材中的內餡拿掉，將湯圓皮揉成小團，即是小湯圓，製作好後再和湯頭食材煮熟，就是客家小湯圓。

甜湯圓

材料

糯米粉 100 克
水 70 克
熟紅藜 1 大匙
外皮上色粉
（奶茶粉、可可粉、
綠茶粉、杏仁粉、
咖啡粉）少許
二砂糖 30 克

作法

1 將湯圓皮材料中的水及熟紅藜拌勻，再依喜好
加入外皮上色的粉。

2 分 3 次加入糯米粉揉至不黏手（若有裂痕可再
加少許水）。

3 將粉團分成適口大小滾圓，即完成湯圓。

4 起一鍋滾水，放入湯圓煮至湯圓浮起。

5 再加入二砂糖攪拌均勻即完成。

金針燉排骨湯

材料

紅藜茶
豬排骨 150 克
金針花 1 小把
薑 2 片
米酒 1 大匙
鹽少許

作法

1. 將紅藜茶包沖泡成紅藜茶備用。
2. 將乾金針花洗淨泡水至軟，豬排骨汆燙備用。
3. 電鍋內放入作法 2、薑片、米酒，再加入作法 1（蓋過食材）。
4. 蒸煮至排骨軟嫩後再加鹽調味即可。

蛋黃鹹肉粽

材料

粽葉 10 片
棉繩 5 條
長糯米 300 克
胛心肉 50 克
鹹蛋黃 3 顆
香菇 5 朵
乾蝦米 15 克
紅蔥頭 4 顆
熟紅藜 5 大匙

醃料

酒 1 大匙
鹽少許
糖 1 小匙
醬油 1 大匙
白胡椒粉少許
五香粉少許

調味料

鹽少許
醬油 1.5 大匙
米酒 1 大匙
糖 1 小匙
白胡椒粉少許

作法

1. 粽葉洗淨，用熱水浸泡 20 分鐘後瀝乾備用。
2. 將胛心肉洗淨切塊，用醃料醃製 2～3 小時後備用。
3. 將香菇泡水至軟去蒂後對切，乾蝦米亦泡軟備用。
4. 將長糯米洗淨，用水浸泡 1 天，撈起後瀝乾備用。
5. 起油鍋爆香紅蔥頭，再加入作法 3、4 與 2 翻炒。
6. 加入調味料的所有材料，以中小火拌炒 2 分鐘蓋上鍋蓋，轉小火燜煮 5 分鐘後，加入熟紅藜稍微攪拌。
7. 取 2 張作法 1，小張放內，大張相疊於後，約 1 ／ 3 處折起成漏斗狀，再將底部多出的粽葉反折避免餡料掉出，放入作法 6 及鹹蛋黃後，把上方粽葉往餡料折入成角粽，用棉繩在中間位置綁緊。
8. 入鍋蒸煮約 40 分鐘即可。

八寶甜粽

材料

粽葉 10 片
棉繩 5 條
紫米 50 克
長糯米 30 克
紅豆 30 克
綠豆 30 克
地瓜 120 克
蓮子 15 克
葡萄乾 15 克
熟紅藜 1 大匙
砂糖少許

作法

1 粽葉洗淨，用熱水浸泡 20 分鐘後瀝乾備用。
2 將紫米、長糯米、紅豆、綠豆與蓮子洗淨浸泡一天。
3 將作法 2、葡萄乾及少許的水入電鍋蒸熟。
4 將地瓜洗淨切小塊蒸熟，再搗成泥狀，加入砂糖拌勻。
5 取 2 張作法 1，小張放內，大張相疊於後，約 1 ／ 3 處折起成漏斗狀，再將底部多出的粽葉反折避免餡料掉出，放入作法 3、4 及熟紅藜後，把上方粽葉往餡料折入成角粽，用棉繩在中間位置綁緊。
6 入鍋蒸煮約 30 分鐘即完成。

原住民料理

Aboriginal Cuisine

紅藜葉包吉納福

材料

紅藜葉（可完整包覆
食材即可，也可用
其他菜葉替代）適量
小米（芋頭粉）1.5 大匙
五花鹹豬肉 2 ／ 3 盒
鹽少許
紅藜米 1 大匙

作法

1 將紅藜葉洗淨後，用滾水汆燙後備用。
2 將五花鹹豬肉切段後備用。
3 將小米與紅藜米攪拌均勻，加入鹽調味，
　再放入作法 2 與少許的水攪拌均勻。
4 將作法 3 鋪在作法 1 上，再捲成長圓狀，
　最後用棉線綁緊入鍋煮 30 分鐘即可。

Cooking Tips

進階版吉納福製作方法

起油鍋爆香少許蒜末、辣椒，放入五花鹹豬
肉拌炒後，再拌入煮熟的小米與紅藜，用紅
藜葉捲起即可。

紅藜葉炒燻鮭魚

材料

紅藜葉 1 把
煙燻鮭魚 1 盒
蒜頭 3 顆
薑片 2 片
蒜苗絲少許

調味料

鰹魚粉 4 小匙
鹽少許

作法

1 起一鍋滾水，放入紅藜葉汆燙後撈起備用。
2 起油鍋爆蒜頭與薑片，加入煙燻鮭魚炒至熟。
3 加入作法 1 繼續拌炒，並加入所有調味料。
4 最後放上蒜苗絲即完成。

| *Cooking Tips*
紅藜葉炒飛魚乾
若是有機會在東部買到飛魚乾，將燻鮭魚換成飛魚乾，這道料理也相當鹹香可口。

花生粉涼拌紅藜葉

材料

紅藜葉 1 把
花生粉 1 大匙
美奶滋 2 大匙
柴魚醬油 1 大匙

作法

1. 起一鍋滾水,放入紅藜葉汆燙後撈起,泡冷水靜置 10 分鐘後,再放入冰箱冷藏,冰鎮備用。
2. 將美乃滋與柴魚醬油攪拌均勻備用。
3. 將花生粉撒在作法 1 上。
4. 沾作法 2 享用即可。

南瓜小米粥

材料

紅藜米 1 杯
小米半杯
熱開水 10 杯
南瓜少許
枸杞少許

作法

1 將除了枸杞外的所有食材洗淨瀝乾後，倒入鍋中煮滾。

2 煮滾後轉小火再煮約 30 分鐘。

3 放入枸杞後即可享用。

臺灣紅藜哪裡買？

帶殼／脫殼原型籽實

部落直購

若有機會造訪屏東與臺東的原住民部落，平時在產季，路邊就有很多部落朋友們，會把自己處理好的帶殼或脫殼紅藜用真空包成磚形，放在路邊的攤位，或在部落裡面的販賣店販售。現在種植紅藜的農民增加了，所以較可以大量穩定的供應，在產地的很多傳統農業通路，例如農會超市都可以買到。

超市通路

國內的幾個大通路，特別是以高品質生活或是健康訴求的超市，也都可以買到帶殼或脫殼的原型籽實。最為大家所熟知的，例如百貨公司樓下常見的 City'super、JASONS Market Place、新光三越自營的超市、無印良品、樂菲、棉花田、誠品、里仁或聖德科斯等有機通路。

方便食用產品

如果是沒有時間烹調的民眾，市面上已經有廠商推出紅藜麵、混和好的紅藜飯，甚至是可以沖泡的紅藜茶與紅藜穀粉等，要獲取臺灣紅藜的營養，可以說是非常方便。甚至國內首屈一指的泰式連鎖餐廳，飯類一向是他們的賣點，但裡面竟然也無限供應臺灣紅藜飯，真的是享用美食之餘，也為國人的健康進了一份心力。

加工品上市

除了直接食用外，值得一提的是紅藜有天然的植化素，可以運用在烘焙及加工上，國內知名的貝果店以及麵包店都可以看到蹤跡；甚至是吳寶春師傅也曾經用紅藜做出美麗的紅色酵母，作為美麗的配角，臺灣紅藜可是非常稱職的呢！

生活良品 81

臺灣紅藜
城市農夫的紅藜故事、栽種技法與料理手帖

作　　　者	鄭世政
食譜協力	江綾軒
總 編 輯	張芳玲
主責編輯	翁湘惟
校　　　對	詹湘伃
美術設計	魏小扉、陳如如

太雅出版社

TEL：(02)2882-0755｜FAX：(02)2882-1500｜E-MAIL：taiya@morningstar.com.tw｜郵政信箱：台北市郵政
53-1291 號信箱｜太雅網址：http://taiya.morningstar.com.tw｜購書網址：http://www.morningstar.com.tw｜
讀者專線：(04)2359-5819 分機 230

出版者：太雅出版有限公司｜台北市 11167 劍潭路 13 號 2 樓｜行政院新聞局局版台業字第五○○四號｜法律顧問：
陳思成｜印刷：上好印刷股份有限公司 TEL：(04)2315-0280｜裝訂：大和精緻製訂股份有限公司 TEL：(04)2311-
0221｜初版：西元 2018 年 10 月 01 日｜定價：320｜（本書如有破損或缺頁，退換書請寄至：台中工業區 30 路
1 號 太雅出版倉儲部收）｜ISBN978-986-336-270-8
Published by TAIYA Publishing Co.,Ltd.
Printed in Taiwan

臺灣紅藜：城市農夫的紅藜故事、栽種技法與料理
手帖／鄭世政作．——初版．——臺北市：太雅，
2018.10
面；公分．——（生活良品；81）
ISBN 978-986-336-270-8（平裝）
1. 食譜 2. 禾穀 3. 栽培

427.34　　　　　　　　　　　　107012936